高等职业教育"十三五"系列教材

U0649267

Gongcheng Lixue
工程力学

刘 星 主 编

张 力 卜铁伟 副主编

人民交通出版社股份有限公司

北 京

内 容 提 要

本书为高等职业教育"十三五"系列教材。全书共 11 个项目,主要包括刚体静力分析、平面力系、摩擦、空间力系和重心、轴向拉伸与压缩、连接件的剪切与挤压、圆轴的扭转变形、弯曲变形分析、强度理论和组合变形、压杆稳定、动载荷和交变应力。

本书主要供高职高专院校机械类、汽车类专业教学使用。

图书在版编目(CIP)数据

工程力学/刘星主编. —北京:人民交通出版社股份有限公司,2021.1

ISBN 978-7-114-16935-9

Ⅰ.①工… Ⅱ.①刘… Ⅲ.①工程力学—高等职业教育—教材 Ⅳ.①TB12

中国版本图书馆 CIP 数据核字(2020)第 217933 号

书 名:	工程力学
著 作 者:	刘 星
责任编辑:	李 良
责任校对:	孙国靖 魏佳宁
责任印制:	刘高彤
出版发行:	人民交通出版社股份有限公司
地 址:	(100011)北京市朝阳区安定门外外馆斜街 3 号
网 址:	http://www.ccpcl.com.cn
销售电话:	(010)59757973
总 经 销:	人民交通出版社股份有限公司发行部
经 销:	各地新华书店
印 刷:	北京市密东印刷有限公司
开 本:	787×1092 1/16
印 张:	10.5
字 数:	206 千
版 次:	2021 年 1 月 第 1 版
印 次:	2021 年 1 月 第 1 次印刷
书 号:	ISBN 978-7-114-16935-9
定 价:	32.00 元

(有印刷、装订质量问题的图书由本公司负责调换)

前言

QIANYAN

随着职业教育教学改革的不断深入,职业学校对课程结构、课程内容及教学模式提出了更高的要求。教职成〔2015〕6 号文件《教育部关于深化职业教育教学改革全面提高人才培养质量的若干意见》中提出:"对接最新职业标准、行业标准和岗位规范,紧贴岗位实际工作过程,调整课程结构,更新课程内容,深化多种模式的课程改革";教职成〔2019〕13 号文件《教育部关于职业院校专业人才培养方案制订与实施工作的指导意见》中提出:"坚持面向市场、服务发展、促进就业的办学方向,健全德技并修、工学结合育人机制,突出职业教育的类型特点,深化产教融合、校企合作,加快培养复合型技术技能人才"。为此,人民交通出版社股份有限公司根据教育部文件精神,依据教育部颁布的职业学校汽车运用与维修专业教学标准,组织编写了本套教材。

本套教材总结了全国众多职业与技工院校的汽车专业教学经验,将岗位所需要的知识、技能和职业素养融入汽车专业教学中,体现了职业教育的特色。教材特点如下:

(1)"以服务发展为宗旨,以促进就业为导向",加强文化基础教育,强化技术技能培养,符合汽车专业实用人才培养的需求;

(2)教材编写符合职业院校学生的认知规律,注重知识的实际应用和对学生职业技能的训练,符合汽车类专业教学与培训的需要;

(3)教材内容注重培养学生的职业技能,与市场需求相吻合,反映了目前汽车的新知识、新技术与新工艺,便于学生毕业后适应岗位技能要求;

(4)教材内容简洁,通俗易懂,图文并茂,易于培养学生的学习兴趣,提高学习效果。

《工程力学》为汽车类专业的基础课之一。主要内容包括:刚体静力分析、平面力系、摩擦、空间力系和重心、轴向拉伸与压缩、连接件的剪切与挤压、圆轴的扭转变形、弯曲变形分析、强度理论和组合变形、压杆稳定、动载荷和交变应力 11 个项目单元。

本书由刘星担任主编，由张力、卜铁伟担任副主编，参与编写的还有韩永伟、潘娜。其中，刘星编写了项目一、项目二、项目七、项目八，张力编写了项目三、项目四，卜铁伟编写了项目五、项目六，韩永伟编写了项目九、项目十，潘娜编写了项目十一，主、参编人员的工作单位为山东交通职业学院。

在本书的编写过程中，参考并应用了大量文献资料。在此，对参考文献的原作者和对本书提出宝贵意见和建议的行业、企业专家表示衷心的感谢！

由于编者水平有限，书中难免出现疏漏和不足之处，敬请读者予以批评、指正。

编　者
2021 年 1 月

目录

→ MULU

第一部分
静力学

人类对力学的一些基本原理的认识，一直可以追溯到史前时代。在中国古代及古希腊的著作中，已有关于力学的叙述。但在中世纪以前的建筑物是靠经验建造的，从现存的古代建筑可以推测当时的建筑者已使用了某些由经验得来的力学知识，并且为了举高和搬运重物，已经能运用一些简单机械（例如杠杆、滑轮和斜面等）。

静力学是从公元前3世纪开始发展，到公元16世纪伽利略奠定动力学基础为止。这期间经历了西欧奴隶社会后期、封建时期和文艺复兴初期。农业、建筑业以及同贸易发展有关的精密衡量的需要，推动了力学的发展。人们在使用简单的工具和机械的基础上，逐渐总结出力学的概念和公理。例如，从滑轮和杠杆得出力矩的概念；从斜面得出力的平行四边形法则等。阿基米德是使静力学成为一门真正科学的奠基者。他在关于平面图形的平衡和重心的著作中，创立了杠杆理论，并且奠定了静力学的主要原理。著名的意大利艺术家、物理学家和工程师达·芬奇应用力矩法解释了滑轮的工作原理；应用虚位移原理的概念来分析起重机构中的滑轮和杠杆系统；研究了物体的斜面运动和滑动摩擦阻力，首先得出了滑动摩擦阻力同物体的摩擦接触面的大小无关的结论。对物体在斜面上的力学问题的研究，最有功绩的是斯蒂文，他得出并论证了力的平行四边形法则。法国数学家、力学家皮埃尔·伐里农引入了静力学这一专业术语。

项目一

Chapter

刚体静力分析

概　述

静力学是理论力学的一个分支,研究质点系受力作用时的平衡规律,其在工程技术中有广泛的应用。本项目主要介绍静力学的五条公理及其推论,这些公理是人类在长期的生产实践中积累起来的关于力的知识的总结,它反映了作用在刚体上的力的最简单和最基本的属性。应用力学基本公理和定律对物体进行正确的受力分析并画出受力图,既是解决力学问题的第一步,也是关键的一步。

任务一　学习基本概念

① 任务引入

宇宙万物的运动、生活中所发生的日常现象、生产过程中工程技术问题的解决都离不开力学知识和方法的支撑。本任务将从力学的基本概念入手和大家一起开始力学的学习。

② 相关理论知识

动动手:请动手试一下下面的小实验:将一铅笔(未削)放在左右两手的食指上,当两手向中间靠拢时,铅笔能同时在两食指上滑动吗? 最终两食指会在铅笔的何处相遇? 为什么?

2.1　刚体

刚体是在力的作用下,其内部任意两点间的距离始终保持不变的物体。

实际物体在力的作用下都会产生变形,只是变形大小不同,例如人在木桥上行走,浮桥会产生明显的弯曲变形,而在石桥上走时,肉眼是看不到变形的,但可通过测量发现。刚体是不存在的,是抽象的,能否看作刚体要看研究的问题,例如飞机整体运行时,可看作刚体,但研究局部零部件时,就不能将其看作刚体。理论力学只研究刚体,物体的变形在后续研究中进行分析,例如材料力学、弹性力学等。

2.2　平衡

平衡是物体机械运动的一种特殊状态。

在静力学中,若物体相对于地面(或地球)保持静止或做匀速直线平动,则称物体处于平衡(如静止的建筑物、机器、沿直线匀速运动的汽车等)。一切物体无不处在永恒的运动之中,所谓平衡都是相对的、暂时的,是运动的一种特殊形式。

2.3　力和力系

(1)力:物体之间的相互机械作用。其作用效果可使物体的运动状态发生改变和使物体产生变形。前者称为力的运动效应或外效应,后者称为力的变形效应或内效应,理论力学只研究力的外效应。内效应使物体产生变形。

力对物体作用的效应取决于力的大小、方向、作用点这三个要素(图1-1),且满足平行四边形法则,故力是定位矢量。常用一个带箭头的有向线段来表示力的三要素。

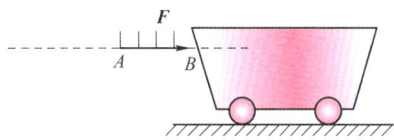
图1-1　力的三要素

本教材中,用黑体字母表示矢量,用对应字母表示矢量的大小。

(2)力的分类:集中力、分布力、主动力、约束反力(被动力)。

(3)力系:同时作用于物体上的一群力称为力系。按其作用线所在的位置,力系可分为平面力系和空间力系;按其作用线的相互关系,力系可分为共线力系、平行力系、汇交力系和任意力系等。

(4)等效力系:分别作用于同一刚体上的两组力系,如果它们对该刚体的作用效果完全相同,则此两组力系互为等效力系。

(5)平衡力系:若物体在某力系作用下保持平衡,则称此力系为平衡力系。

(6)力的合成与分解:若力系与一个力 F_R 等效,则力 F_R 称为力系的合力,而力系中的各力称为合力 F_R 的分力。力系用其合力 F_R 代替,称为力的合成;反之,一个力 F_R 用其分力代替,称为力的分解。

❸ 任务实施

(1)力能否脱离周围物体而存在?
(2)刚体是抽象化的力学模型,自然界中真正的刚体存在吗?
(3)工程中所遇到的平衡问题,绝大部分相对于地球是静止的,这种说法对吗?

任务二　熟悉静力学公理

❶ 任务引入

在学习了静力学的入门知识后,想要更好地解决静力分析的有关问题,还需要打好一定的理论基础,也就是要学好、用好本任务要介绍的几个基本公理及其推论。

❷ 相关理论知识

静力学公理是人类在长期的生活和生产实践中积累起来的经验,并加以抽象、归纳和总结而建立起来的。它揭示了关于力的最根本的规律,是研究静力学的基础。

公理1:力的平行四边形法则

作用在物体上同一点的两个力,可以合成为一个合力。合力的作用点也在该点,合力的大小和方向,由这两个力为边构成的平行四边形的对角线确定。

力的平行四边形法则示意如图 1-2 所示。

在求两共点力的合力时,为了作图方便,只需画出平行四边形的一半,即三角形便可。这种作图法被称为力的三角形法则,如图 1-3 所示。

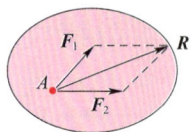

图 1-2　力的平行四边形法则

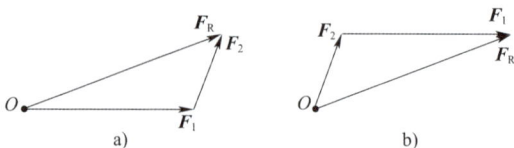

图 1-3　力的三角形法则

力的平行四边形法则给出了最简单的力系的简化规律,也是较复杂力系简化的基础。另外,它也给出了将一个力分解为两个力的依据。

推论:三力平衡汇交

作用于刚体上三个相互平衡的力,若其中两个力的作用线汇交于一点,则此三力必在同一平面内,且第三个力的作用线通过汇交点。

三力平衡汇交示意如图 1-4 所示。

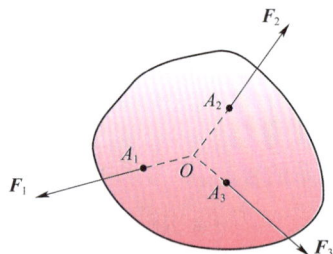

图 1-4　三力平衡汇交

该推论给出了三个不平行的共面力构成平衡力系的必要条件。当刚体受不平行的三力作用处于平衡时,常利用这个关系确定未知力的作用线方位。

公理 2:二力平衡条件

作用在刚体上的两个力,使刚体保持平衡的必要和充分条件是:这两个力的大小相等,方向相反,且作用在同一直线上。

该公理指出了作用于刚体上最简单力系的平衡条件。对刚体而言,这个条件既必要又充分。

想一想:公理 2 对于非刚体(变形体)或是多体是否适用(图 1-5、图 1-6)?

图 1-5　变形体

图 1-6　多体

用一用:二力构件:只在两个力作用下平衡的刚体叫二力构件(图 1-7)。如果构件形状为杆件,则称为二力杆。因此,作用于二力构件上的两个力,必通过两个力作用点的连线(与杆件的形状无关),且等值、反向。

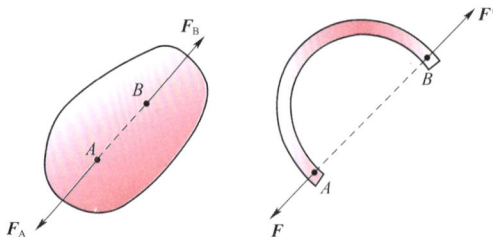

图 1-7　二力构件

公理 3:加减平衡力系公理

在已知力系上加上或减去任意的平衡力系,并不改变原力系对刚体的作用。

加减平衡力系示意如图 1-8 所示。

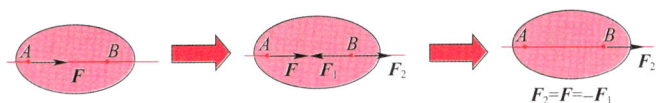

图 1-8　加减平衡力系

此公理是研究力系等效变换的依据,同样也只适用于刚体而不适用于变形体。

推论:力的可传性

作用于刚体上某点的力,可以沿着它的作用线移到刚体内任意一点,并不改变该力对刚体的作用。

此推论表明作用于刚体上的力是滑动矢量,但对一般物体来说是定位矢量。

公理 4:作用和反作用定律

作用力和反作用力总是同时存在,同时消失,等值、反向、共线,作用在相互作用的两个物体上。

物体间的作用力与反作用力总是同时出现,同时消失。可见,自然界中的力总是成对地存在,而且同时分别作用在相互作用的两个物体上。这个公理概括了任何两物体间的相互作用的关系,不论对刚体或变形体,不管物体是静止的还是运动的都适用。应该注意,作用力与反作用力虽然等值、反向、共线,但它们不能平衡,因为二者分别作用在两个物体上,不可与二力平衡公理混淆。

公理 5:刚化原理

变形体在某一力系作用下处于平衡,如将此变形体刚化为刚体,其平衡状态保持不变。

此原理建立了刚体平衡条件与变形体平衡条件之间的关系,即关于刚体的平衡条件,对于变形体的平衡来说,也必须满足。但是,满足了刚体的平衡条件,变形体不一定平衡。例如,一段软绳,在两个大小相等、方向相反的拉力作用下处于平衡,若将软绳变成刚杆,平衡保持不变。反过来,一段刚杆在两个大小相等、方向相反的压力作用下处于平衡,而绳索在此压力下则不能平衡。可见,刚体的平衡条件对于变形体的平衡来说只是必要条件而不是充分条件。

③ 任务实施

运用任务中讲述的相关知识完成分析。三铰拱桥由左右两拱铰接而成,如图 1-9a)所示。设各拱自重不计,在拱 AC 上作用载荷 F。判断下列两图中的二力杆,并画出其受力。

解答:由于拱自重不计,且只在 B、C 处受到铰约束,因此 CB 为二力构件。在铰链中心 B、C 分别受到 F_B 和 F_C 的作用,且 $F_B = -F_C$。拱 CB 的受力图如图 1-9b)所示。

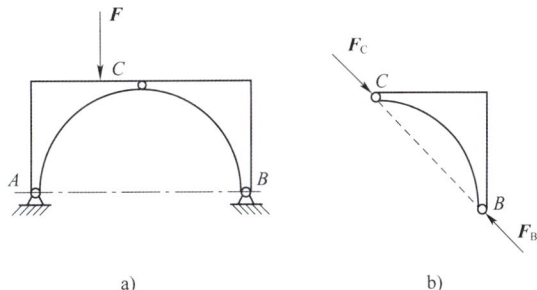

a)　　　　　　b)

图 1-9　三铰拱桥受力分析

任务三 学习约束和约束反力

① 任务引入

在掌握了静力学的基本概念和公理后,对物体进行正确的受力分析并画出受力图,既是解决力学问题的第一步,也是关键的一步。否则,后面的分析计算不可能有正确的结果。

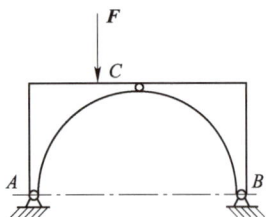

图 1-10 三铰拱桥

三铰拱桥由左、右两拱铰接而成,如图 1-10 所示。设各拱自重不计,在拱 AC 上作用载荷 F。试分别画出拱 AC 和 CB 的受力图。

② 相关理论知识

2.1 基本概念

(1)自由体:在空间的运动不受任何限制的物体。

(2)非自由体:在空间的运动受到限制的物体,也称被约束体。

(3)约束:对非自由体某些方向的位移起限制作用的周围物体(此处的约束是名词,而不是动词)。

(4)约束反力:约束对非自由体施加的力称为约束反力。约束反力的方向总是与约束所能阻碍的物体的运动或运动趋势的方向相反,但其大小未知,作用点在接触位置。

约束反力的特点:

①大小是未知的,故称为被动力。

②方向总是与非自由体被约束所限制的位移方向相反。

③作用点在物体与约束相接触的那一点。

(5)主动力:约束反力以外的其他力,如重力。

2.2 工程中常见约束类型和约束力方向

2.2.1 柔索约束(不计重的绳索、链条或皮带等)

柔索约束的约束反力为沿柔索方向的一个拉力,该力背离被约束物体(图 1-11、图 1-12)。

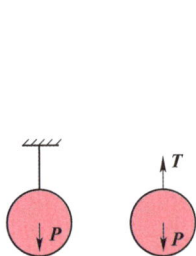

图 1-11 柔索约束

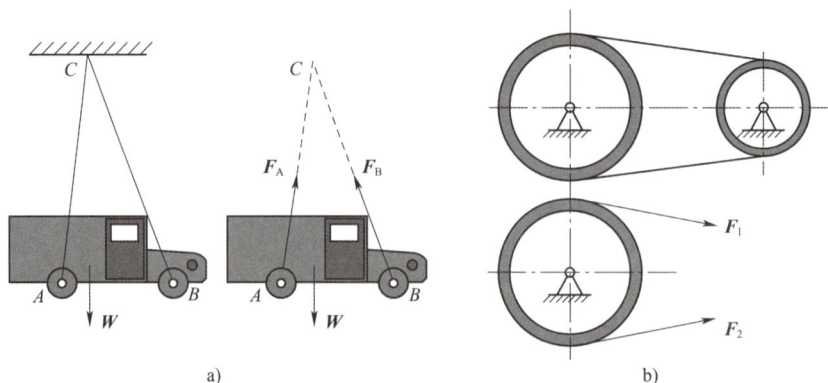

a)

b)

图 1-12 柔索约束示例

2.2.2　光滑接触面约束

光滑接触面约束的约束反力沿接触点的公法线,指向被约束物体(图1-13)。

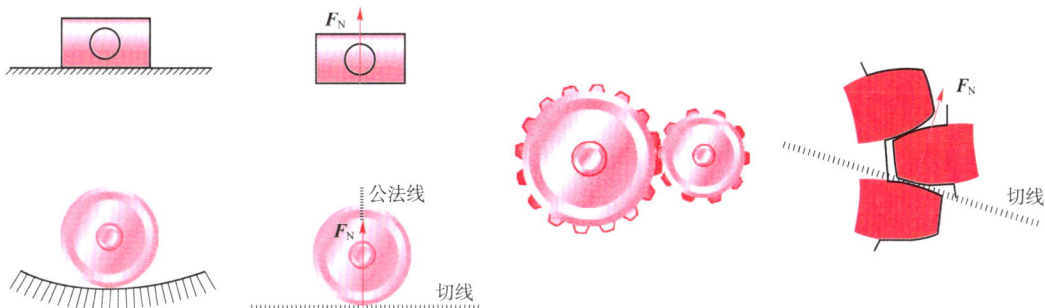

图1-13　光滑接触面约束示例

2.2.3　光滑圆柱铰链约束

工程上常用销钉来连接构件或零件,这类约束只限制相对移动不限制转动,且忽略销钉与构件间的摩擦。

(1)固定铰支座:其约束反力一般用两个正交分量表示,如图1-14所示。

(2)可动铰支座:其约束反力垂直于光滑支承面,如图1-15所示。被约束体可以绕销钉转动,可以沿销钉轴线移动,也可以沿支承面移动,即约束阻碍物体沿与支承面垂直的方向运动,其约束力通过销钉中心垂直于光滑支承面,指向待定。

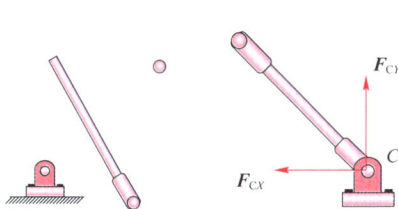

图1-14　固定铰支座约束示例

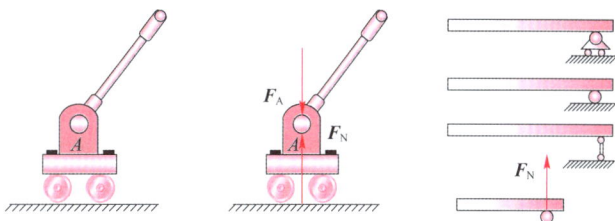

图1-15　可动铰支座约束示例

(3)中间铰链:其约束反力一般用两个正交分量表示,如图1-16所示剪刀的销钉连接就是中间铰链。

2.2.4　光滑球形铰链约束

构件A的球形部分嵌入构件B的球形窝内,就构成了球形铰链约束,如图1-17所示。这是一种空间的铰链约束。若两个球形表面之间无摩擦,则为光滑接触,构件A受到的约束反力必通过球心沿着半径方向,但它的方位不能预先确定。通常将球形铰链的约束反力表示为正交的三个分力。

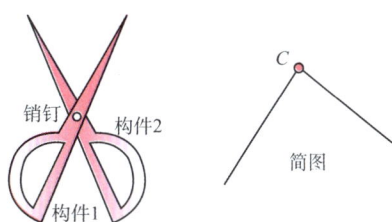

图1-16　中间铰链约束示例

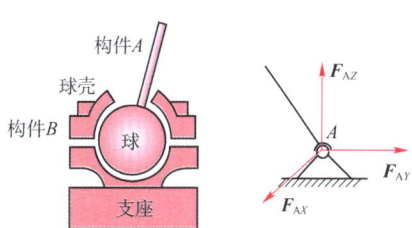

图1-17　光滑球形铰链约束示例

2.2.5 固定端约束

固定端约束既阻碍被约束物体在该平面内沿任何方向移动,又阻碍被约束物体绕固定端在该平面内转动,如图1-18所示。其约束反力在平面情况下,通常用两正交分力和一个力偶表示,如图1-19所示;在空间情况下,通常用空间的三个正交分力和空间的三个正交分力偶表示。

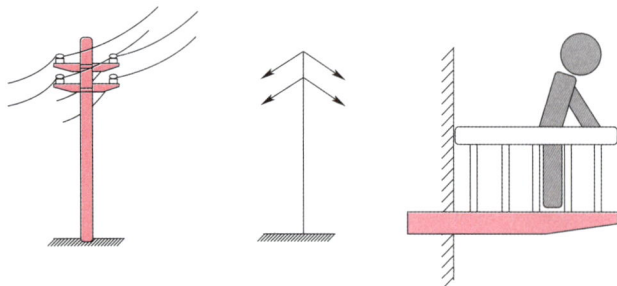

图1-18 固定端约束示例

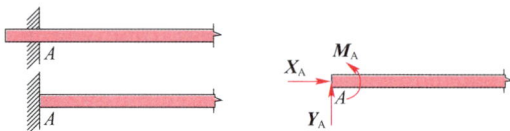

图1-19 固定端约束简化图及受力分析

2.3 对物系进行受力分析及画受力图

受力分析:确定物体受了几个力、每个力的作用位置和作用方向的过程称为受力分析。

受力图:表示物体受力的简明图形。

正确地进行物体的受力分析并画其受力图,是分析、解决力学问题的基础。画受力图时必须注意以下几点:

(1)明确研究对象。根据求解需要,可以取单个物体为研究对象,也可以取由几个物体组成的系统为研究对象。不同的研究对象,其受力图是不同的。

(2)正确确定研究对象受力的数目。由于力是物体间相互的机械作用,因此,对每一个力都应明确它是哪一个施力物体施加给研究对象的,力是不能凭空产生的。同时,也不可漏掉某个力。一般可先画主动力,再画约束反力。凡是研究对象与外界接触的地方,都一定存在约束反力。

(3)正确画出约束反力。一个物体往往同时受到几个约束的作用,这时应分别根据每个约束本身的特性来确定其约束反力的方向,而不能凭主观臆测。

(4)当分析两物体间相互作用时,应遵循作用、反作用关系。若作用力的方向一经假定,则反作用力的方向应与之相反。当画整个系统的受力图时,由于内力成对出现,组成平衡力系。因此不必画出,只需画出全部外力。

❸ 任务实施

三铰拱桥由左、右两拱铰接而成,如图1-20a)所示。设各拱自重不计,在拱 AC 上作用载荷 F。试分别画出拱 AC 和 CB 的受力图。

分析与解答：

（1）取拱 CB 为研究对象。由于拱自重不计，且只在 B、C 处受到铰约束，因此 CB 为二力构件。在铰链中心 B、C 分别受到 F_B 和 F_C 的作用，且 $F_B = -F_C$。拱 CB 的受力图如图 1-20b) 所示。

（2）取拱 AC 连同销钉 C 为研究对象。由于自重不计，主动力只有载荷 F；点 C 受拱 CB 施加的约束力 F'_C，且 $F'_C = -F_C$；点 A 处的约束反力可分解为 X_A 和 Y_A。拱 AC 的受力图如图 1-20c) 所示。

因拱 AC 在 F、F'_C 和 F_A 三力作用下平衡，根据三力平衡汇交定理，可确定出铰链 A 处约束反力 F_A 的方向。点 D 为力 F 与 F'_C 的交点，当拱 AC 平衡时，F_A 的作用线必通过点 D，如图 1-20d) 所示，F_A 的指向，可先作假设，以后由平衡条件确定。

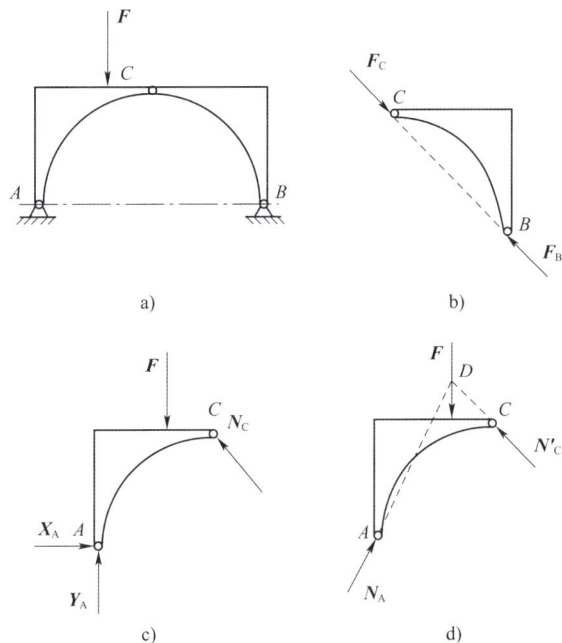

图 1-20　三铰拱桥受力分析

复习与思考题

1. 二力平衡条件与作用和反作用定律中的两个力都是等值、反向、共线，试问二者有何区别？

2. 作用于刚体上大小相等、方向相同的两个力对刚体的作用是否等效？

3. 物体受汇交于一点的三个力作用而处于平衡，此三力是否一定共面？为什么？

4. 什么是二力杆？为什么在进行受力分析时要尽可能地找出结构中的二力杆？

5. 画物体的受力图时应注意些什么？

6. 画出图 1-21 所示结构构件的受力图。

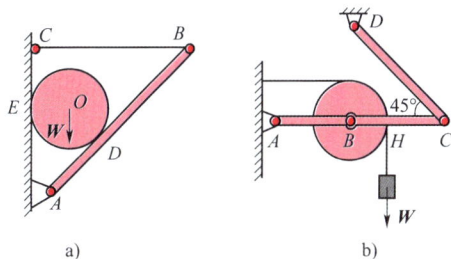

图 1-21　题 6 图

7. 图 1-22 所示曲柄连杆机构,自重不计,所有接触处都光滑,机构在 **M**、**P** 作用下平衡,画整体及各部件受力图。

8. 图 1-23 所示碾子重为 **P**,拉力为 **F**,A、B 处光滑接触,画出碾子的受力图。

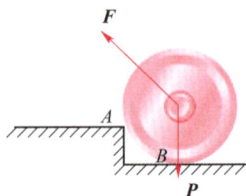

图 1-22　题 7 图　　　　　图 1-23　题 8 图

9. 图 1-24 所示水平均质梁 AB 重为 P_1,电动机重为 P_2,不计杆 CD 的自重,画出杆 CD 和梁 AB 的受力图。

10. 如图 1-25 所示,不计自重的梯子放在光滑水平地面上,画出梯子、梯子左右两部分与整个系统受力图。

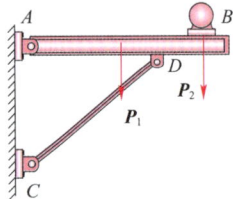
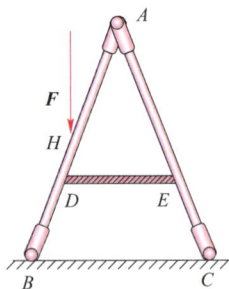

图 1-24　题 9 图　　　　图 1-25　题 10 图

11. 简支梁两端分别为固定铰支座和可动铰支座,在 C 处作用一集中载荷 F_p(图 1-26),梁重不计,试画梁 AB 的受力图。

12. 力的可传性原理的适用条件是什么?如图 1-27 所示,能否根据力的可传性原理,将作用于杆 AC 上的力 **F** 沿其作用线移至杆 BC 上而成力 **F′**?

13. 图 1-28 中力 **F** 作用在销钉 C 上,试问销钉 C 对 AC 的力与销钉 C 对 BC 的力是否等值、反向、共线?为什么?

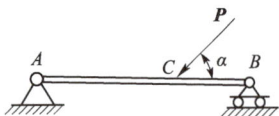
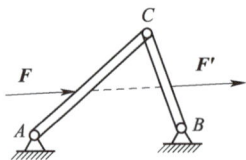
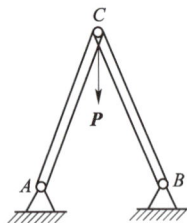

图 1-26　题 11 图　　　图 1-27　题 12 图　　　图 1-28　题 13 图

14. 图 1-29 中各物体受力图是否正确?若有错误试改正。

15. 对图 1-30 中的杆件 AB 进行受力分析,并作出受力图。

16. 对图 1-31 所示的结构进行受力分析,画出系统整体及各部件的受力图。

17. 分析图 1-32 中杆件 AB、BD 的受力,并画出受力图。

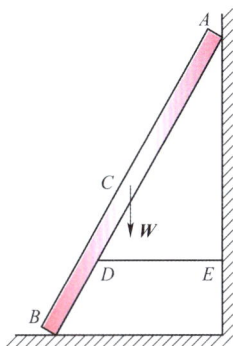

图 1-29　题 14 图

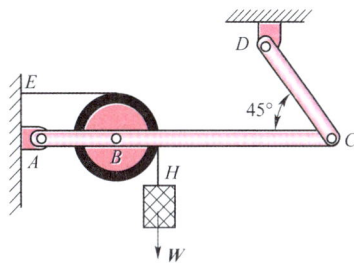

图 1-30　题 15 图　　　　图 1-31　题 16 图

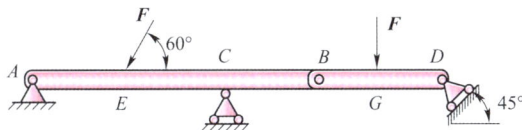

图 1-32　题 17 图

项目二

Chapter 2

平面力系

概 述

平面力系是工程中最常见的力系,有些构件虽然形式上不是受平面力系的作用,但当其符合一定的条件时,仍然可以将原力系简化为平面力系来处理,因此,研究平面力系具有重要的意义。本项目主要讨论各种平面力系的平衡条件及其平衡方程的应用、物体系统的平衡以及考虑摩擦时物体平衡问题的解法。其中,平面任意力系的简化与平衡问题的解法,对于学习空间力系、材料力学都很重要,是本项目的学习重点。

平面汇交力系是平面力系中基本力系之一,是研究复杂力系的基础。平面汇交力系拥有其自身的明显特点,那就是组成一个力系的所有分力的作用线都位于同一平面内,且汇交于一点。利用这一几何特点可以解决工程中很多简单结构的力学问题。工程上采用几何法和解析法来研究平面汇交力系的合成与平衡问题。几何法的优点是简便、直观,缺点是作图不准确时,测量结果将会出现较大的误差。几何法虽不是学习的重点,但其提供的多边形法则和汇交力系平衡时必须满足的几何条件,对推出平面汇交力系的解析条件有帮助。

任务一 力系等效定理

1 任务引入

力系的主矢和主矩是力系的两个基本特征量。首先需要学习力在轴及平面上的投影、力矩的概念,进而再逐步学习以主矢和主矩为核心的力系等效定理和力系平衡定理,作为静力学的理论基础。

2 相关理论知识

2.1 力的投影

2.1.1 力在直角坐标轴上的投影

力在坐标轴上的投影是一代数量。其大小等于力的始端与末端在该轴上的投影间的长度;若力矢的起点至终点在轴上投影与轴的正向一致时,取正号,反之取负号(图2-1)。

力矢与轴正向间所夹的角称为方向角。力在坐标轴上的投影等于力的大小乘以力与坐标轴正向间夹角(方向角)的余弦(方向余弦)。

力 F 在空间直角坐标轴上的投影为(图2-2):

$$
\left.\begin{array}{l}
F_x = F\cos\alpha \\
F_y = F\cos\beta \\
F_z = F\cos\gamma
\end{array}\right\} \tag{2-1}
$$

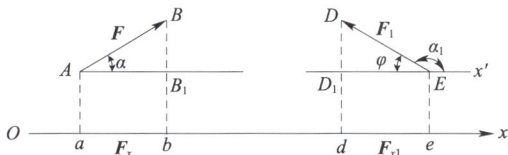

图 2-1 力在 x 轴上的投影

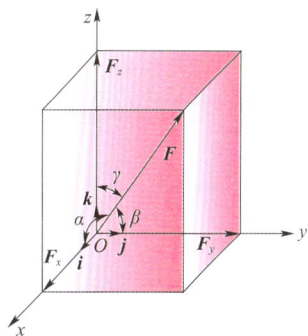

图 2-2 力在直角坐标轴上的投影

如引入 x、y、z 轴的单位矢量 $\boldsymbol{i}$、$\boldsymbol{j}$、$\boldsymbol{k}$，则力 $\boldsymbol{F}$ 可表示为 $\boldsymbol{F} = F_x\boldsymbol{i} + F_y\boldsymbol{j} + F_z\boldsymbol{k}$

若已知力 $\boldsymbol{F}$ 在直角坐标轴上的投影 F_x、F_y、F_z，则该力的大小与方向可由式(2-2)确定：

$$
\left.\begin{array}{l}
F = \sqrt{F_x^2 + F_y^2 + F_z^2} \\
\cos\alpha = \dfrac{F_x}{F}, \cos\beta = \dfrac{F_y}{F}, \cos\gamma = \dfrac{F_z}{F}
\end{array}\right\} \tag{2-2}
$$

在平面情形中，分别有力 $\boldsymbol{F}$ 的解析式表示为：

$$
\boldsymbol{F} = F_x\boldsymbol{i} + F_y\boldsymbol{j} \tag{2-3}
$$

力的大小和方向为：

$$
\left.\begin{array}{l}
F = \sqrt{F_x^2 + F_y^2} \\
\cos\alpha = \dfrac{F_x}{F}, \cos\beta = \dfrac{F_y}{F}
\end{array}\right\} \tag{2-4}
$$

2.1.2 力在平面上的投影

力在平面上的投影是一矢量，它由力的始端及末端在该平面上的投影所构成的矢量表示。

若力 $\boldsymbol{F}$ 与 z 轴间的夹角为 γ(图 2-3)，则 F 在 xy 平面上的投影为 $\boldsymbol{F}_{xy}$，其大小为 $F_{xy} = F\sin\gamma$。

进而求得力在坐标轴上的投影，力 $\boldsymbol{F}$ 在 x、y 轴上的投影为：

$$
\left.\begin{array}{l}
F_x = F_{xy}\cos\varphi \\
F_y = F_{xy}\sin\varphi
\end{array}\right\} \tag{2-5}
$$

结合前式可得：

$$
\left.\begin{array}{l}
F_x = F_{xy}\cos\varphi \\
F_y = F_{xy}\sin\varphi \\
F_z = F\cos\gamma
\end{array}\right\} \tag{2-6}
$$

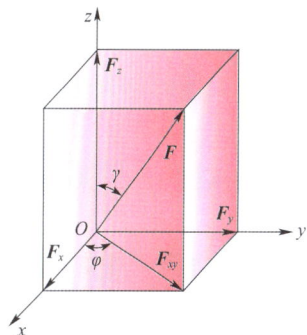

上述确定力在坐标轴上的投影的方法二次投影法。

图 2-3 二次投影法

2.2 力系的主矢

设 $F_1,F_2,\cdots,F_n$ 为作用于刚体的某力系(图2-4a)。力系中各力矢的几何(矢量)和称为力系的主矢,记以 F'_R。即 $F'_R = F_1 + F_2 + \cdots + F_n = \sum F_i$

几何法:按力多边形法则,在空间任选一点为起点,依次首尾相接地作矢量,使这些矢量的模及方向分别和力系中各力的模及方向相同则自起点至最后一矢量的终点所得之矢量(封闭边)便是该力系的主矢 F'_R(图2-4b)。

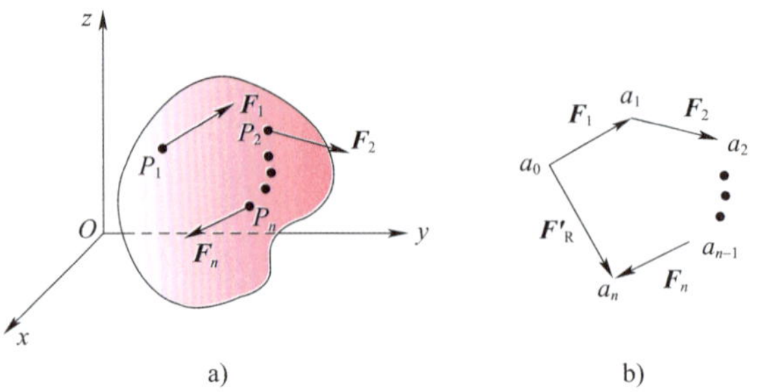

图2-4 力系的主矢

解析法:将各个矢量向直角坐标轴投影,得:

$$\left.\begin{array}{l} F'_{Rx} = F_{1x} + F_{2x} + \cdots + F_{nx} = \sum F_x \\ F'_{Ry} = F_{1y} + F_{2y} + \cdots + F_{ny} = \sum F_y \\ F'_{Rz} = F_{1z} + F_{2z} + \cdots + F_{nz} = \sum F_z \end{array}\right\} \qquad (2\text{-}7)$$

于是,主矢的模为:

$$F'_R = \sqrt{F'^2_{Rx} + F'^2_{Ry} + F'^2_{Rz}} = \sqrt{\left(\sum F_x\right)^2 + \left(\sum F_y\right)^2 + \left(\sum F_z\right)^2} \qquad (2\text{-}8)$$

方向余弦分别为:

$$\cos(F'_R,i) = \frac{\sum F_x}{F'_R}, \cos(F'_R,j) = \frac{\sum F_y}{F'_R}, \cos(F'_R,k) = \frac{\sum F_z}{F'_R} \qquad (2\text{-}9)$$

想一想:"凡力系必有主矢"与"凡力系必有合力",这两种说法哪一种正确?为什么?

力系的主矢是力系经矢量运算后所得的一几何量。主矢有相应的模及方向,不涉及作用点。而力系的合力则为一物理量,它具有与原力系等效的意义,除了相应的模及方向外,还需指明作用点。力系的主矢和力系的合力是两个不同的概念。合力是定位矢量,而主矢是自由矢量。

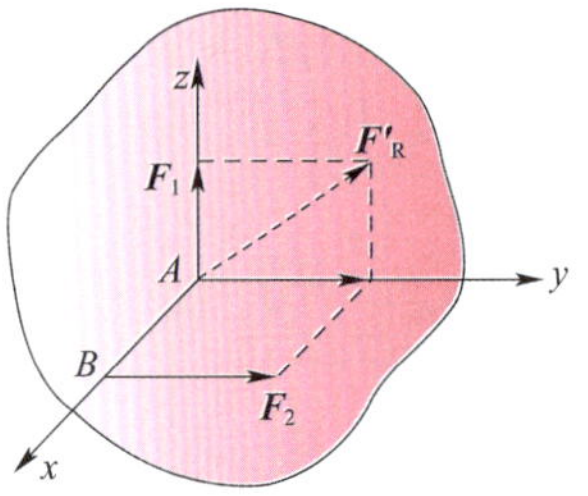

用一用:图2-5中所示的由 F_1、F_2 组成的力系就只有主矢而不存在合力。

图2-5 主矢举例

2.3 力矩

2.3.1 平面中力对点矩

力使刚体绕某点转动效应的量度称为力对点之矩或力矩。设力 F 作用于某一平面内,该平面内某一点 O,称为矩心,矩心 O 到力 F 的作用线的距离 h 称为力臂(图2-6)。力在该平面内对物体的转动效应仅取决于以下两个因素:

(1)力的大小与力臂的乘积 Fh。

(2)在该平面办转动的方向。

力对点之矩用一代数量表示，记以 $M_O(\boldsymbol{F})$，称为力 $\boldsymbol{F}$ 对矩心 O 的力矩，即 $M_O(\boldsymbol{F}) = \pm Fh$。

式中正负号确定原则：若力使物体绕矩心产生逆时针转动，取正号；反之，取负号。当力的作用线通过矩心时，力矩为零。力矩的大小亦可用力 $\boldsymbol{F}$ 与矩心 O 组成的三角形 OAB 的面积的两倍来表示，即 $M_O(\boldsymbol{F}) = \pm 2A_{\triangle OAB}$。力矩的单位为 N·m 或 kN·m 等。

2.3.2 合力矩定理

倘力系有合力，则合力对某点之矩（矢）等于各分力对同一点之矩（矢）的代数（矢量）和。

2.3.3 力系的主矩

力系中各力对同一点之矩的几何（矢量）和称为力系对该点的主矩（图2-7）。

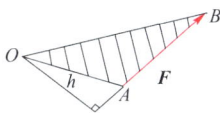

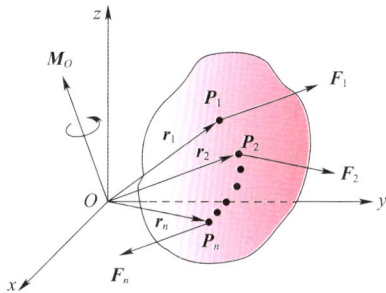

图2-6　力矩定义　　　图2-7　力系的主矩

作用于刚体上的力系 $\boldsymbol{F}_1, \boldsymbol{F}_2, \cdots, \boldsymbol{F}_n$，其对矩心 O 点的主矩：

$$\boldsymbol{M}_O = \boldsymbol{r}_1 \times \boldsymbol{F}_1 + \boldsymbol{r}_2 \times \boldsymbol{F}_2 + \cdots + \boldsymbol{r}_n \times \boldsymbol{F}_n = \sum \boldsymbol{r}_i \times \boldsymbol{F}_i = \sum \boldsymbol{M}_O(\boldsymbol{F}_i) = \sum \boldsymbol{M}_{Oi} \tag{2-10}$$

上述矢式向直角坐标轴投影，得：

$$\left. \begin{aligned} M_{Ox} &= \sum (\boldsymbol{r}_i \times \boldsymbol{F}_i)_x = \sum M_{xi} \\ M_{Oy} &= \sum (\boldsymbol{r}_i \times \boldsymbol{F}_i)_y = \sum M_{yi} \\ M_{Oz} &= \sum (\boldsymbol{r}_i \times \boldsymbol{F}_i)_z = \sum M_{zi} \end{aligned} \right\} \tag{2-11}$$

主矩的模为：

$$M_O = \sqrt{M_{Ox}^2 + M_{Oy}^2 + M_{Oz}^2} = \sqrt{\left(\sum M_{xi}\right)^2 + \left(\sum M_{yi}\right)^2 + \left(\sum M_{zi}\right)^2} \tag{2-12}$$

方向余弦为：

$$\left. \begin{aligned} \cos(\boldsymbol{M}_O, \boldsymbol{i}) &= \frac{\sum M_{xi}}{M_O} \\ \cos(\boldsymbol{M}_O, \boldsymbol{j}) &= \frac{\sum M_{yi}}{M_O} \\ \cos(\boldsymbol{M}_O, \boldsymbol{k}) &= \frac{\sum M_{zi}}{M_O} \end{aligned} \right\} \tag{2-13}$$

一般力系的主矩与矩心的位置有关。

在平面力系的情况下，因力系中各力对垂直于平面的轴之矩等于诸力对该轴与平面的交点之矩。此时，主矩为一代数量，有：

$$M_O = \sum_{i=1}^{n} M_O(\boldsymbol{F}_i) \tag{2-14}$$

想一想：某确定力系的主矢是否唯一？主矩是否唯一？

2.4 力系等效定理

2.4.1 力系等效定理

力系的主矢和主矩是力系的两个基本特征量。

两力系相互等效的充分必要条件是:该两力系的主矢和对同一点的主矩分别相等,即:

$$F_R'^{(1)} = F_R'^{(2)} \text{ 和 } M_O^{(1)} = M_O^{(2)} \tag{2-15}$$

2.4.2 力系平衡定理

力系平衡的充分与必要条件是:该力系的主矢和对任一点的主矩都等于零。称为力系平衡定理,即:

$$F_R' = 0 \text{ 和 } M_O = 0 \tag{2-16}$$

❸ 任务实施

例 2-1 圆柱齿轮如图 2-8 所示,受到啮合力 F_n 的作用,设 $F_n = 1400N$,齿轮的压力角 $\alpha = 20°$,节圆半径 $r = 60mm$,试计算力 F_n 对轴心 O 的力矩。

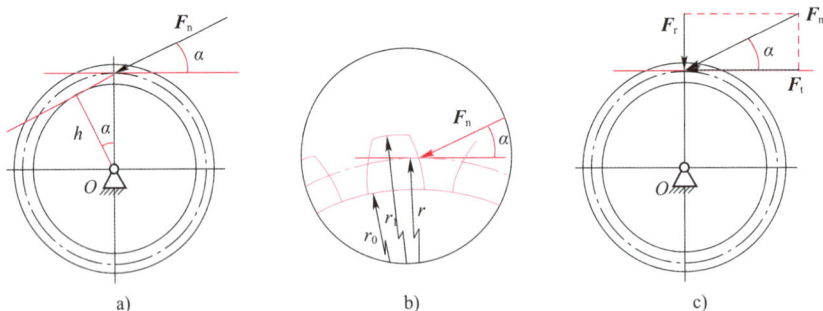

图 2-8　直齿圆柱齿轮受力

解:本题目可以采用直接法和合力矩定理两种方法求解。

(1)直接法。

由力矩定义求解:

$$M_O(F_n) = F_n \cdot h = F_n \cdot r \cdot \cos\alpha = 78.93 \text{N} \cdot \text{m}$$

(2)合力矩定理。

将力 F_n 分解为切向力 F_t 和法(径)向力 F_r,即:

$$F_n = F_t + F_r$$

由合力矩定理得:

$$M_O(F_n) = M_O(F_t) + M_O(F_r) = F_t \cdot r + 0 = F_n \cdot r \cdot \cos\alpha = 78.93 \text{N} \cdot \text{m}$$

任务二　平面汇交力系

❶ 任务引入

在平面力系中,各力作用线汇交于一点的力系称平面汇交力系。平面汇交力系拥有其自身明显的特点,那就是组成一个力系的所有分力的作用线都位于同一平面内,且汇交于一点。

利用这一几何特点可以解决工程中很多简单结构的力学问题。本次任务主要讨论平面汇交力系的合成与平衡问题。通过学习,能够完成机构约束反力的求解。

例 2-2 水平力 P 作用在门式刚架的 D 点,如图 2-9 所示,刚架的自重忽略不计。试求 A、B 两处的约束力。

例 2-3 支架的横梁 AB 与支杆 BC 在 B 点用铰链连接,如图 2-10 所示,梁的 A 端以及支杆的 C 点以铰链固定在铅垂墙上。已知力 F 作用在梁中间,即 $AD = DB$,且 $F = 15\text{kN}$,支杆 BC 与水平横梁呈 30°夹角。设横梁和支杆的重量忽略不计,试求铰链 A 的约束力及支杆 BC 所受的力。

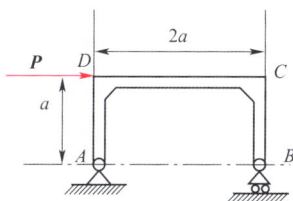

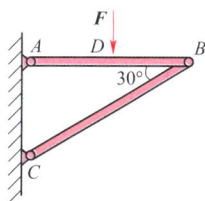

图 2-9　门式刚架　　图 2-10　简易支架

② 相关理论知识

2.1 平面汇交力系的合成

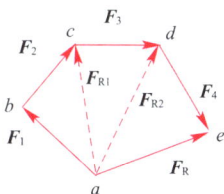

2.1.1 几何法

运用力三角形法则,求得该共点力系的合力矢 F'_R,并知合力的作用线必通过汇交点 O。因此,求汇交力系的合力可归纳为求力系的主矢,汇交力系合力 F_R 的作用线通过汇交点,合力矢的大小和方向与力系的主矢 F'_R 相同,即等于各分力的矢量和。故:

$$F_R = F'_R = F_1 + F_2 + \cdots + F_n = \sum F \tag{2-17}$$

平面汇交力系合成的几何法:

方法一:根据平行四边形法则,逐步两两合成各力(图 2-11)。

方法二:将各力的矢量首尾相连,合力为封闭边(图 2-12)。

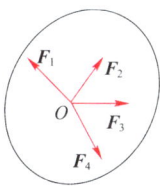

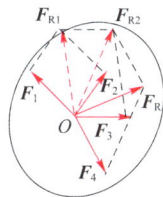

图 2-11　平面汇交力系　　图 2-12　平面汇交力系合成(多边形法则)

平面汇交力系可简化为一合力,合力大小与方向等于各分力矢量合,合力作用线通过汇交点。任意改变力的合成的先后次序,虽然得到的力的多边形形状不同,但合力完全相同,即力合成的多边形法则合成的合力与各个分离合成的先后次序无关(图 2-13)。

用几何法求平面汇交力系的合力时,应注意以下几点:

(1)按一定的比例画出各力的大小,方向要准确。

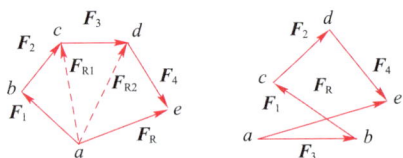

图 2-13 平面汇交力系合成

（2）力多边形中各力必须首尾相连。合力的方向则是从第一个力的起点指向最后一个力的终点。

（3）作力多边形时，可以任意变换力的次序，合成的结果并不改变。

2.1.2 解析法

根据合力投影定理，得：

$$\left.\begin{array}{l} F_{Rx} = F'_{Rx} = F_{1x} + F_{2x} + \cdots + F_{nx} = \sum F_x \\ F_{Ry} = F'_{Ry} = F_{1y} + F_{2y} + \cdots + F_{ny} = \sum F_y \\ F_{Rz} = F'_{Rz} = F_{1z} + F_{2z} + \cdots + F_{nz} = \sum F_z \end{array}\right\} \tag{2-18}$$

合力的模和方向余弦为：

$$F_R = \sqrt{F_{Rx}^2 + F_{Ry}^2 + F_{Rz}^2} = \sqrt{\left(\sum F_x\right)^2 + \left(\sum F_y\right)^2 + \left(\sum F_z\right)^2} \tag{2-19}$$

$$\cos(F_R, i) = \frac{\sum F_x}{F_R}, \cos(F_R, j) = \frac{\sum F_y}{F_R}, \cos(F_R, k) = \frac{\sum F_z}{F_R} \tag{2-20}$$

2.2 平面汇交力系的平衡

2.2.1 平面汇交力系平衡的几何条件

平面汇交力系平衡的充分和必要条件是：力系的合力 F_R 等于零，或力系的主矢等于零。用矢量式表达为：

$$F_R = \sum_{i=1}^{n} F_i = 0 \tag{2-21}$$

平面汇交力系平衡的几何条件是：力系的力多边形自行封闭。

平面汇交力系平衡示意如图 2-14 所示。

2.2.2 平面汇交力系平衡的解析条件

平面汇交力系平衡的充分和必要条件是：力系的合力等于零，即：

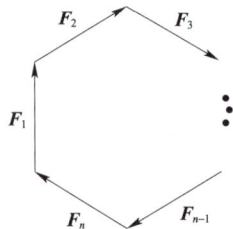

图 2-14 平面汇交力系平衡

$$F_R = \sqrt{\left(\sum F_{xi}\right)^2 + \left(\sum F_{yi}\right)^2} = 0 \tag{2-22}$$

满足

$$\left.\begin{array}{l} \sum F_{xi} = 0 \\ \sum F_{yi} = 0 \end{array}\right\} \tag{2-23}$$

汇交力系平衡的充分与必要的解析条件：汇交力系的平衡条件是力系中各力在 x 轴和 y 轴投影的代数和分别等于零。

❸ 任务实施

例 2-4 水平力 P 作用在门式刚架的 D 点，如图 2-15 所示，刚架的自重忽略不计。试求 A、B 两处的约束力。

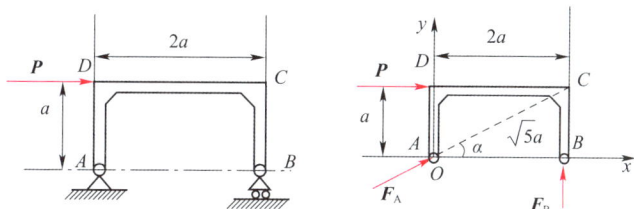

图 2-15　门式刚架

解:(1)选取刚架为研究对象。

(2)画受力图。

(3)建立坐标系,列平衡方程:

$$\sum F_{xi} = 0, P + F_A \cdot \cos\alpha = 0$$

$$\sum F_{yi} = 0, F_A \cdot \sin\alpha + F_B = 0$$

由三角函数知识可知,

$$\cos\alpha = \frac{2a}{\sqrt{5}a} = \frac{2}{\sqrt{5}}, \sin\alpha = \frac{a}{\sqrt{5}a} = \frac{1}{\sqrt{5}}$$

(4)联立求解:

$$F_A = -\frac{\sqrt{5}}{2}P, F_B = \frac{1}{2}P$$

注意:F_A 为负值,说明图中所假设的指向与其实际指向相反,F_B 为正值,说明图中所假设的指向与其实际指向相同。

符号法则:当由平衡方程求得某一未知力的值为负时,表示原先假定的该力指向和实际指向相反。

求解汇交力系平衡问题的主要步骤和要点如下:

(1)根据题意,选取研究对象。

(2)画受力图。

(3)作力多边形或列平衡方程。

(4)求解未知量并分析结果。

求解汇交力系平衡问题的重点是解析法。

例 2-5　如图 2-16 所示支架的横梁 AB 与支杆 BC 在 B 点用铰链连接,梁的 A 端以及支杆的 C 点以铰链固定在铅垂墙上。已知力 F 作用在梁中间,即 AD = DB,且 F = 15kN,支杆 BC 与水平横梁呈 30°夹角。设横梁和支杆的重量忽略不计,试求铰链 A 的约束力及支杆 BC 所受的力。

解:(1)取横梁 AB 为研究对象,画受力图。

(2)列平衡方程,建立 xAy 坐标系。

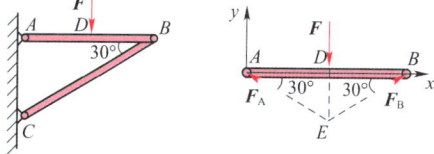

图 2-16　简易支架

$$\sum F_{xi} = 0, -F_A\cos30° + F_B\cos30° = 0$$

$$\sum F_{yi} = 0, F_A\sin30° + F_B\sin30° - F = 0$$

(3)求解。

$$F_A = F_B = F = 15kN$$

任务三　平面力偶系

1 任务引入

铰链四杆机构是机械结构中常见的机构形式,工程以及生活中均有很多应用,在四杆机构的力学计算中,常常涉及一个新的力学参量——力偶。

例2-6　图2-17所示的铰接四连杆机构 $OABD$,在杆 OA 和 BD 上分别作用着矩为 M_1 和 M_2 的力偶,而使机构在图示位置处于平衡。已知 $OA=r$,$DB=2r$,$\alpha=30°$,不计杆重,试求 M_1 和 M_2 间的关系。

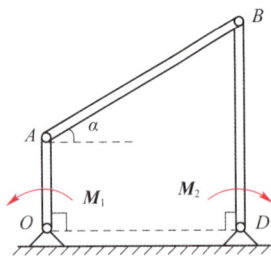

图2-17　铰接四连杆机构

2 知识准备

2.1　力偶的概念

日常生活中力偶有:用手拧钥匙、驾驶员双手转动转向盘、开关水龙头等,如图2-18所示。

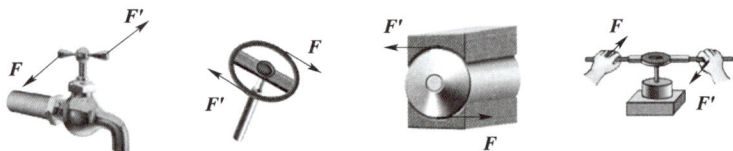

图2-18　力偶实例

定义:大小相等、方向相反,且不共线的一对平行力所组成的力系,称为力偶,记作(F,F')。力偶的定义示意,如图2-19所示。力偶所在的平面称为力偶的作用面,其二力之间的垂直距离 d 称为力偶臂,如图2-20所示。

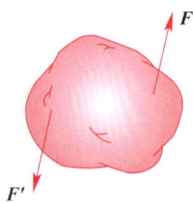

图2-19　力偶的定义

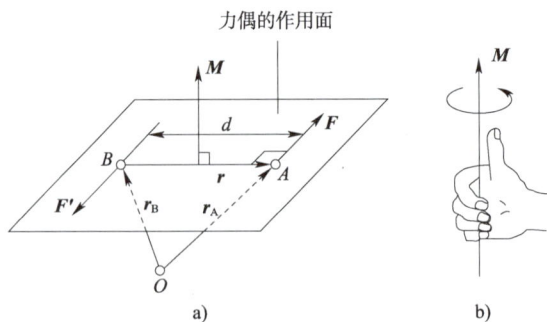

图2-20　力偶的参数

作用效应:使刚体的转动状态发生改变,是度量转动作用效应的物理量,单位为 N·m 或 kN·m。

力偶系:作用于刚体上的一群力偶。

2.2 力偶的性质

力偶是一个基本力学量,不能和一力等效,即力偶不能合成为一合力,或力偶无合力。即力偶不能与一力相平衡,只能和力偶相平衡。力偶和力是力系的两个基本单元。

想一想:如图 2-21 所示,圆轮中心由固定铰链支撑,圆轮受一个大小为 T 的逆时针力偶作用,同时,在轮子右端受到大小为 F 的垂直力的作用,达到平衡状态。若力偶不能用一个力来平衡,那么为什么图中的圆轮又能平衡呢?

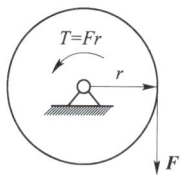

图 2-21 圆轮

2.3 力偶矩的概念

力学中将力与力偶臂的乘积并冠以正负号称为力偶矩,记为 $M(\boldsymbol{F}, \boldsymbol{F}')$。用以衡量力偶对刚体的转动效应的大小。力偶矩单位为 N·m 或 kN·m。

$$M(\boldsymbol{F}, \boldsymbol{F}') = M = \pm F \cdot h \tag{2-24}$$

规定:力偶使刚体在作用面内逆时针转动时为正,顺时针转动时为负。

2.4 力偶等效定理

作用在同一平面内的两个力偶,只要它的力偶矩的大小相等、转向相同,则该两个力偶彼此等效。

由以上力偶等效条件,可得出如下三个推论:

(1)力偶可在其作用面内任意移动和转动。

(2)力偶的作用面可以平行移动。

(3)只要保持力偶矩的大小和方向不变,在力偶作用面内,可以同时改变力的大小和力偶臂的长短。

2.5 平面力偶系的合成和平衡

2.5.1 平面力偶系的合成

平面力偶系的合力偶矩等于各分力偶矩的代数和,即:

$$M = M_1 + M_2 + \cdots + M_n = \sum M_i \tag{2-25}$$

平面力偶系可以用一个合力偶等效代替,其合力偶矩等于原来各个分力偶的代数和。如图 2-22 所示,设有两个力偶 $(\boldsymbol{F}_1, \boldsymbol{F}_1')$ $(\boldsymbol{F}_2, \boldsymbol{F}_2')$。根据力偶等效定理可得,合力矩 $M = R_A \cdot d = (P_1 - P_2')d = P_1 d - P_2' d = M_1 + M_2$。

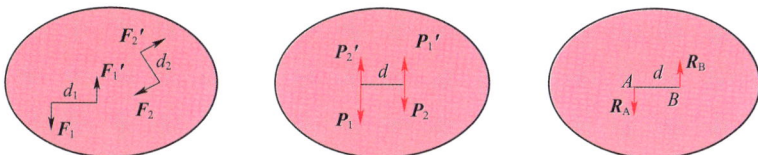

图 2-22 力偶系的合成

2.5.2 平面力偶系的平衡

平面力偶系平衡的充分和必要条件是:合力偶矩等于零,或所有各力偶矩的代数和等于零，即：

$$\sum_{i=1}^{n} M_i = 0 \qquad\qquad (2\text{-}26)$$

③ 任务实施

利用平面力偶系的平衡问题，求解任务描述中的例题。

例 2-7　图 2-23 所示的铰接四连杆机构 $OABD$，在杆 OA 和 BD 上分别作用着矩为 M_1 和 M_2 的力偶，而使机构在图示位置处于平衡。已知 $OA = r$、$DB = 2r$、$\alpha = 30°$，不计杆重，试求 M_1 和 M_2 间的关系。

解: (1) 画受力图(图 2-24)，杆 AB 为二力杆。

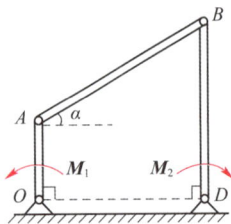

图 2-23　铰链四杆机构

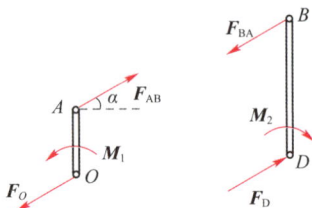

图 2-24　杆件受力分析

(2) 分别写出杆 AO 和 BD 的平衡方程。

由 $\sum M_i = 0$，列方程：

$$M_1 - F_{AB} r \cos\alpha = 0$$
$$-M_2 + 2F_{BA} r \cos\alpha = 0$$

整理得：

$$F_{AB} = F_{BA}$$
$$M_2 = 2M_1$$

任务四　平面一般力系

① 任务引入

各力的作用线在同一平面内，且呈任意分布的力系称为平面一般力系。这是工程中最常见的力系。平面力系的研究不仅在理论上而且在工程实际应用上都具有重要意义。本任务主要讨论和学习平面一般力系的简化和平衡问题。利用平面一般力系的平衡条件解决工程中的力学问题。

平面一般力系实例如图 2-25 所示。

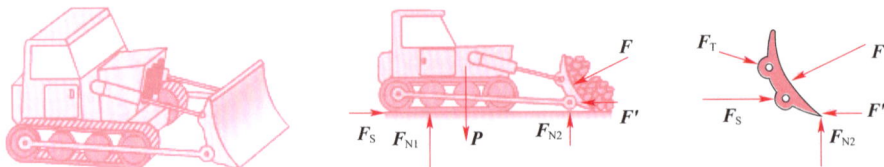

图 2-25　平面一般力系实例

② 相关理论知识

2.1.1 力的平移定理

作用在刚体上的力 F 可以平行移到刚体内任一点,但必须同时附加一个力偶,其力偶矩等于原力 F 对平移点的矩。

由图 2-26 得:

$$M_B = M_B(F) = Fd$$

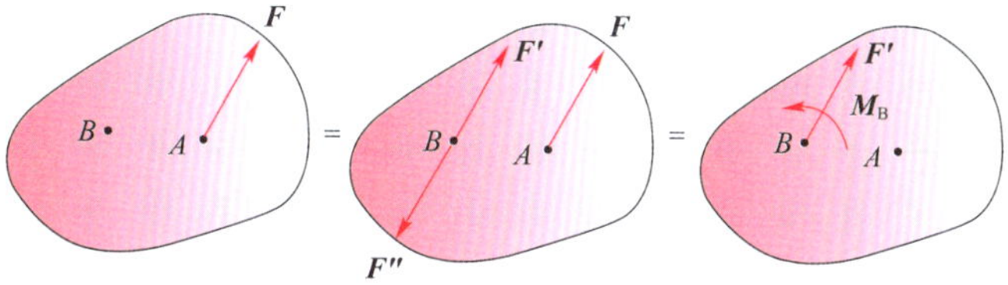

图 2-26 力的平移

2.1.2 平面一般力系向一点简化

设在刚体上作用一平面力系 $(F_1, F_2, \cdots, F_n)$,各力的作用点如图 2-27 所示。O 为简化中心。根据力线平移定理可以将平面一般力系分解为两个力系:平面汇交力系和平面力偶系。继而得到整个平面一般力系的主矢和主矩。

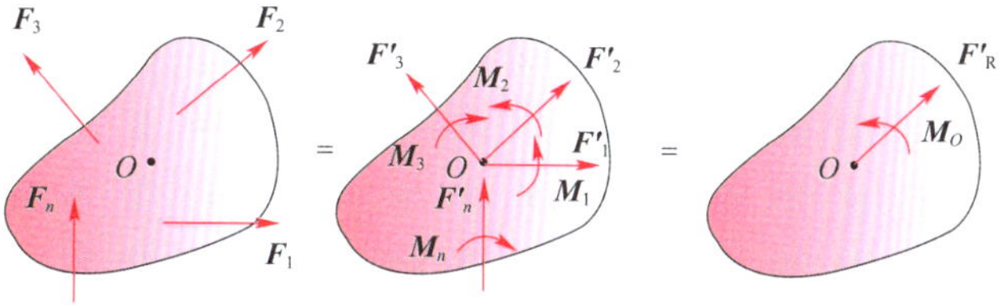

图 2-27 平面一般力系向一点简化

主矢——平面力系各力的矢量和:$F = \sum F_i$。

主矩——平面力系中各力对于任选简化中心之矩的代数和:$M_O = \sum M_O(F_i)$。

结论:平面力系向作用面内任一点简化,一般可得到一个力和一个力偶,该力通过简化中心,其大小和方向等于力系的主矢,主矢的大小和方向与简化中心无关;该力偶的力偶矩等于力系对简化中心的主矩,主矩的大小和转向与简化中心相关。所以,主矢与简化中心无关,而主矩一般与简化中心有关。

用一用:固定端约束反力的简化。

以一端紧固嵌入墙内的杆为例,如图 2-28a)所示。在主动力 F 的作用下,杆嵌入部分与墙接触的各点所受到的约束反力的大小、方向各异,在平面问题中,组成一平面一般力系,见图 2-28b)。该力系向固定端 A 点简化,得到一个约束反力 F_A 和力矩为 M_A 的约束反力偶。通常以一对互相垂直的分力 F_{Ax} 和 F_{Ay} 代表 F_A,得到如图 2-28c)所示的约束反力。因此,固定端的约束反力可以用一个约束反力和一个约束反力偶来表示。其中,约束反力限制了杆件在约束处沿任何方向的移动,约束反力偶限制了杆件在约束处的转动。

a)   b)   c)

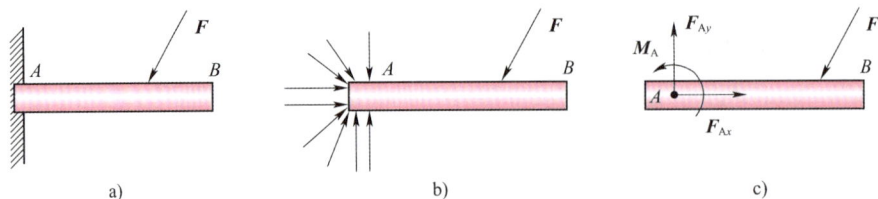

图 2-28　固定端约束反力分析

2.1.3　平面一般力系简化结果分析

平面一般力系向一点简化一般可得一个力和一个力偶,随着力系主矢和主矩数值的不同,将有不同的简化结果。

(1)主矢 $F_R' = 0$,主矩 $M_O = 0$:力系平衡,见图 2-29。

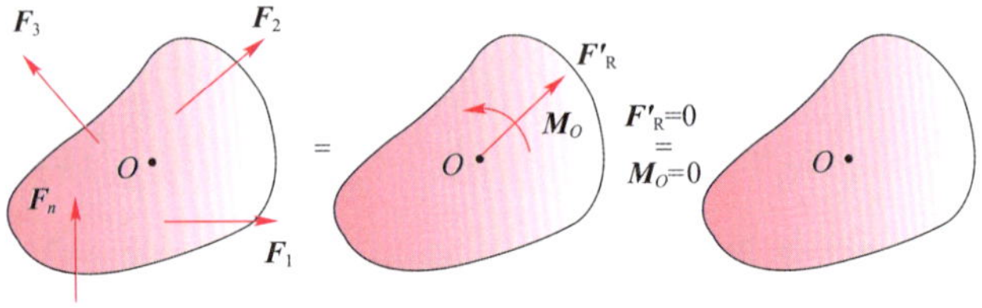

$$F_R' = 0$$
$$M_O = 0$$

图 2-29　力系简化(平衡)

(2)主矢 $F_R' = 0$,主矩 $M_O \neq 0$:力系简化为一力偶,见图 2-30。

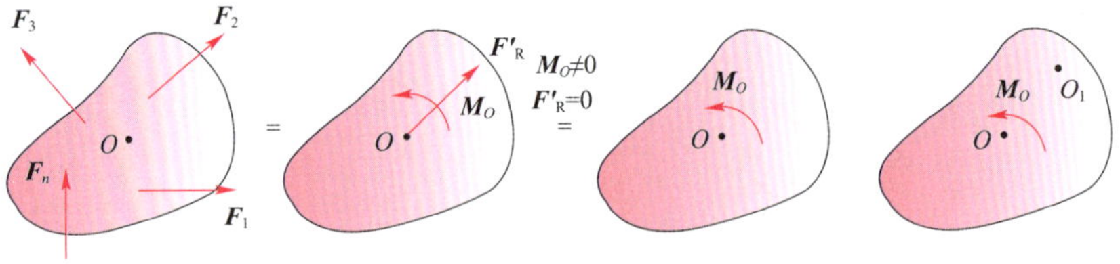

$$M_O \neq 0$$
$$F_R' = 0$$

图 2-30　力系简化(合力偶)

想一想:若图 2-30 中的简化中心由 O 点变为 O_1 点,结果会如何?

(3)主矢 $F_R' \neq 0$,主矩 $M_O = 0$:力系简化为一力,见图 2-31。

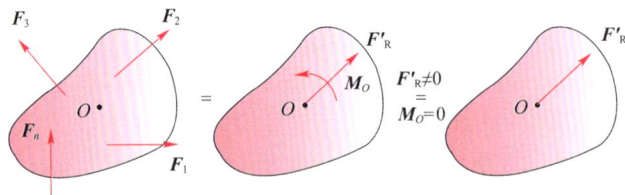

$$F_R' \neq 0$$
$$M_O = 0$$

图 2-31　力系简化(主矢)

(4)主矢 $F_R' \neq 0$,主矩 $M_O \neq 0$:力系简化为一力和一力偶,见图 2-32。

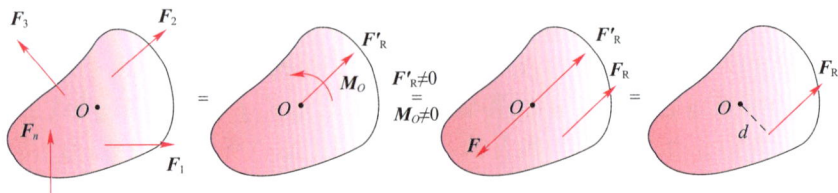

$$F_R' \neq 0$$
$$M_O \neq 0$$

图 2-32　力系简化(主矢 + 合力偶)

2.1.4 合力矩定理

通过对简化结果的分析,当主矢和主矩都不为零时,由图 2-32 第一步得:各力对 O 点的力矩等于 M_O;由最后一步得:F_R 力对 O 点的力矩也等于 M_O,所以得出合力矩定理如下:

平面一般力系的合力对作用面内任一点之矩,等于各分力对同一点之矩的代数和。

2.2 平面一般力系的平衡条件

2.2.1 平面一般力系的平衡条件和平衡方程

物体在平面一般力系的作用下平衡的充分和必要条件是:力系的主矢和力系对任意点的主矩都等于零,即:

$$F'_R = 0, \quad M_O = 0 \tag{2-27}$$

由

$$F'_R = \sqrt{\left(\sum F_x\right)^2 + \left(\sum F_y\right)^2} \qquad M_O = \sum M_O(F_i)$$

得平面任意力系的平衡方程为:

$$\left.\begin{array}{l} \sum F_x = 0 \\ \sum F_y = 0 \\ \sum M_O(F) = 0 \end{array}\right\} \tag{2-28}$$

对于平面一般力系平衡的充分和必要的解析条件是:力系中各力在任选的直角坐标系每一轴上投影的代数和分别等于零,且各力对平面内任一点的矩的代数和也等于零。此为平面一般力系的平衡方程。也是平面一般力系平衡方程的基本形式,此外还有其他两种形式。

二力矩式(由一个投影方程和两个力矩方程组成):

$$\left.\begin{array}{l} \sum F_x = 0 \\ \sum M_A(F) = 0 \\ \sum M_B(F) = 0 \end{array}\right\} \tag{2-29}$$

其中,此两点 A、B 为平面内任意两点,其连线不能垂直于 x 轴。

三力矩式(由三个力矩方程组成):

$$\left.\begin{array}{l} \sum M_A(F) = 0 \\ \sum M_B(F) = 0 \\ \sum M_C(F) = 0 \end{array}\right\} \tag{2-30}$$

其中,此三点 A、B、C 不能共线。

用一用:利用平面一般力系的平衡方程来解决平面一般力系的受力问题。

例 2-8 悬臂吊车如图 2-33 所示,横梁 AB 长 $l = 2.5\text{m}$;重量 $P = 1.2\text{kN}$;拉杆 CB 倾斜角 $\alpha = 30°$,质量不计。载荷 $Q = 7.5\text{kN}$。求图示位置 $a = 2\text{m}$ 时,拉杆的拉力和铰链 A 的约束反力。

解:

(1)取 AB 梁为研究对象,对 AB 杆进行受力分析,并画出受力图。

(2)列平衡方程。

$$\sum F_x = 0, \quad F_{Ax} - F_T\cos\alpha = 0$$

$$\sum F_y = 0, \quad F_{Ay} - P - Q + F_T\sin\alpha = 0$$

$$\sum M_A(F) = 0, \quad F_T\sin\alpha \cdot l - P \cdot \frac{l}{2} - Qa = 0$$

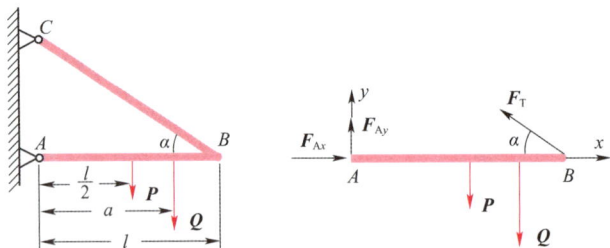

图 2-33　悬臂吊车简图

（3）解平衡方程。

$$F_{Ax} = 11.43\text{kN}$$

$$F_{Ay} = 2.1\text{kN}$$

$$F_T = 13.2\text{kN}$$

顺一顺：平面一般力系平衡问题求解步骤。

（1）根据求解的问题，恰当地选取研究对象。所谓研究对象，是指为了解决问题而选择的分析主体。选取研究对象的原则是，要使所取物体上既包含已知条件，又包含待求的未知量。

（2）对选取的研究对象进行受力分析，正确地画出受力图。在正确画出研究对象受力图的基础上，应注意适当地运用简单力系的平衡条件，如二力平衡、三力平衡汇交定理、力偶等效定理等确定未知反力的方位，以简化求解过程。

（3）建立平衡方程式，求解未知量。为顺利地建立平衡方程式求解未知量，应注意如下几点：

①根据所研究的力系选择平衡方程式的类别（如汇交力系、平行力系、任意力系等）和形式（如基本式、二矩式、三矩式等）。

②建立投影方程时，投影轴的选取原则上是任意的，并非一定取水平或铅垂方向，应根据具体问题从解题方便入手去考虑。

③建立力矩方程时，矩心的选取也应从解题方便的角度加以考虑。

④求解未知量。由于所列平衡方程一般是一组线性方程组，这说明一个静力学题经过上述力学分析后将归结于一个线性方程组的求解问题。从理论上讲，只要所建立的平衡方程组具有完整的定解条件（独立方程个数和未知量个数相等），则求解并不困难，若要解的方程组相互联立，则计算（指手算）耗时费力。为免去这种麻烦，就要求在列平衡方程式时要运用一些技巧，尽可能做到每个方程只含有一个（或较少）的未知量，以便手算求解。

2.2.2　平面平行力系的平衡方程

力系中各力的作用线在同一平面内且相互平行，称为平面平行力系。平面平行力系是平面一般力系的特殊情形，其平衡方程可由平面一般力系的方程导出。

若取 x 轴与力系中各力的作用线垂直，则这些力在 x 轴上的投影之和恒等于零。这样的平行力系的独立平衡方程只有两个，即：

$$\left.\begin{array}{l} \sum F_y = 0 \\ \sum M_o(F) = 0 \end{array}\right\} \quad \text{（一般式）} \tag{2-31}$$

或

$$\sum M_A(F)=0 \atop \sum M_B(F)=0 \Bigg\} \quad (二矩式) \qquad (2\text{-}32)$$

在二矩式方程中,矩心 A、B 两点的连线与各力的作用线不能平行。所以,平面平行力系有 2 个独立的平衡方程,可以求解 2 个未知数。

用一用:平面平行力系可以用来解决塔吊载荷的问题。

例 2-9 塔式起重机如图 2-34 所示,已知起重机的最大总起重量 $P_1=200\text{kN}$,塔身自重 $P_2=700\text{kN}$,具体尺寸如图 2-34b)所示。试讨论:(1)为保证起重机满载和空载时不翻倒,求平衡配重 P_3;(2)当 $P_3=180\text{kN}$ 时,求轨道 AB 给起重机轮子的约束力。

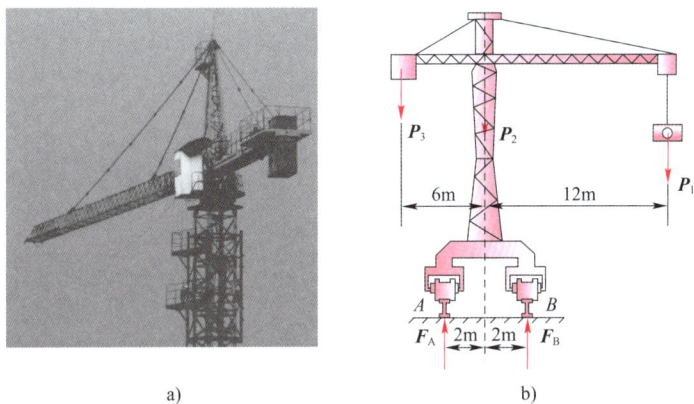

图 2-34 塔式起重机

解:取起重机为研究对象进行受力分析,形成平行力系,并画受力图。

(1)先讨论满载时的情况,考虑临界状态时,绕 B 将要翻倒而未翻倒的情况,此时,$F_A=0$。列平衡方程:

$$\sum M_B=0,P_{3\min}\times 8+2P_2-10P_1=0$$

计算得:

$$P_{3\min}=75\text{kN}$$

再考虑空载时的情况,考虑临界状态时,绕 A 将要翻倒而未翻倒的情况,此时,$F_B=0$。列平衡方程:

$$\sum M_A=0,4P_{3\max}-2P_2=0$$

计算得:

$$P_{3\max}=350\text{kN}$$

所以,平衡配重 P_3 取在 $75\text{kN}\leqslant P_3\leqslant 350\text{kN}$ 范围内时,起重机是平衡的。

(2)当 $P_3=180\text{kN}$ 时,列平衡方程:

$$\sum M_A=0,4P_3-2P_2-14P_1+4F_B=0,解得:$$

$$F_B=870\text{kN}$$

$$\sum F_y=0,F_A+F_B-P_1-P_2-P_3=0$$

解得:

$$F_A=210\text{kN}$$

2.3 物体系统的平衡

2.3.1 物体系统的平衡概念

工程实际中常会遇到由若干物体通过一定约束组成的系统。在研究物体系统的平衡问题时,不仅需要求出外界作用于系统的外力,有时还需要求出系统内各物体之间相互作用的内力。

物体系:工程结构和机构都是由许多物体通过约束按一定方式连接而成的系统。

物体系统的平衡:整个物体系平衡时,该物体系中的每个物体也必然处于平衡状态。

2.3.2 静定和静不定问题

静定问题:系统的所有未知量都能由静力平衡方程确定的问题。

对于一个平衡体来说,如果能列出的独立的平衡方程的数目等于或大于未知量的数目时,则全部未知量可以通过平衡方程来求得,这样的问题称为静定问题。

静不定问题(超静定问题):静力平衡方程不足以确定系统的所有未知量的问题。

对于一个平衡体来说,如果所包含的未知量的数目多于独立的平衡方程的数目,这样仅依靠静力学平衡方程无法求解出全部未知量,这类问题称为静不定问题或超静定问题。

图 2-35a)所讨论的平衡问题,未知力的个数正好等于平衡方程的数目,因而能由平衡方程解出全部未知数,为静定问题。相关的结构称为静定结构。工程上为了提高结构的强度,常常在静定结构上再附加一个或几个约束,从而使未知约束力的个数大于独立平衡方程的数目,如图 2-35b)所示。因而,仅仅由平衡方程无法求得全部未知约束力,为超静定问题或静不定问题,相应的结构称为超静定结构或静不定结构。

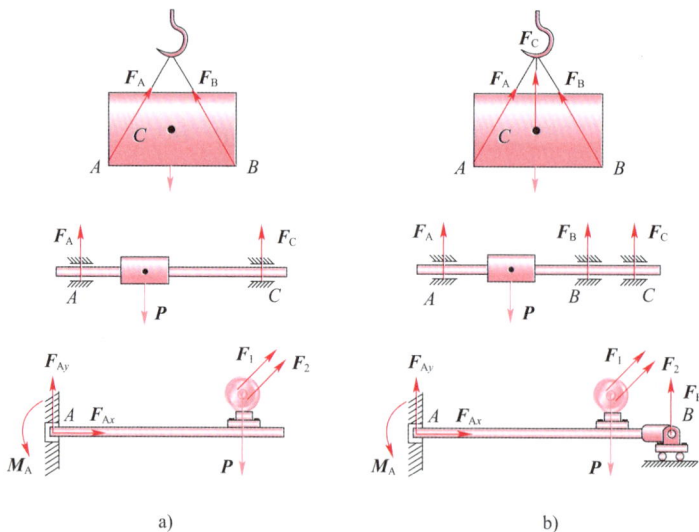

图 2-35 静定与静不定问题

求解平面一般力系平衡问题的步骤如下:

(1)判断系统是否属于静定问题。

(2)恰当地选择研究对象。

(3)受力分析。

(4)列平衡方程,求解未知量。

解决方法:一般可借助物体受力变形的规律,补充足够的方程。这已超出静力学的范畴,相关内容将在材料力学中介绍。

3 任务实施

例 2-10 已知图 2-36a)所示物体系上的各力 M、q、F。求 A、B 处的约束反力。

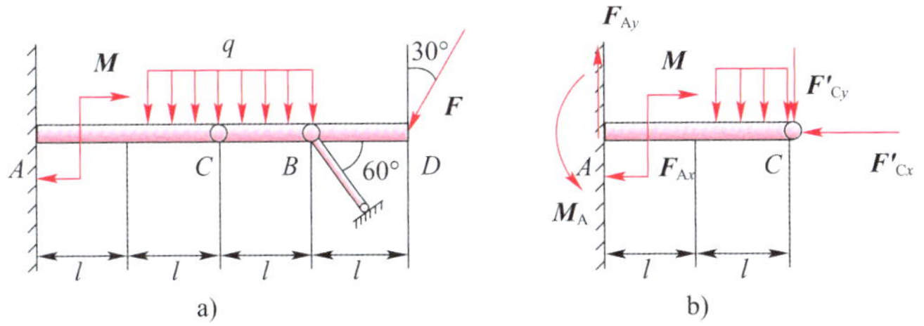

图 2-36 例 2-10 图

分析:首先判断物体系是否是静定问题。AC、CD、B 杆组成物体系,B 杆为二力杆。分别画 AC、CD 杆的受力图:AC 杆的受力图,约束力 5 个;CD 杆的受力图,约束力 3 个。未知力数为 6 个,两个物体的平衡方程数为 6 个。

结论:物体系为静定结构。

解:(1)取 CD 杆为研究对象,见图 2-36c),画受力图。

$$\sum M_C = 0,\ F_B\sin60° \cdot l - ql \cdot \frac{l}{2} - F\cos30° \cdot 2l = 0$$

解得:

$$F_B = 45.77\text{kN}$$

(2)取整体为研究对象,见图 2-37,画受力图。

$$\sum F_x = 0,\ F_{Ax} - F_B\cos60° - F\sin30° = 0$$
$$\sum F_y = 0,\ F_{Ay} + F_B\sin60° - 2ql - F\cos30° = 0$$
$$\sum M_A = 0,\ M_A - M - 2ql \cdot 2l + F_B\sin60° \cdot 3l - F\cos30° \cdot 4l = 0$$

解得:

$$F_{Ax} = 32.89\text{kN},\ F_{Ay} = -2.32\text{kN},\ M_A = 10.37\text{kN}$$

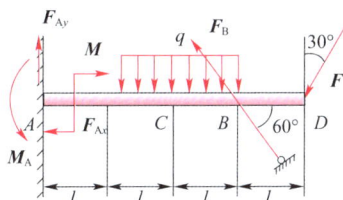

图 2-37 系统整体受力图

例 2-11 一端固定的悬臂梁如图 2-38a)所示。梁上作用均布载荷,载荷集度为 q,在梁的自由端还受一集中力 P 和一力偶矩为 M 的力偶的作用。试求固定端 A 处的约束反力。

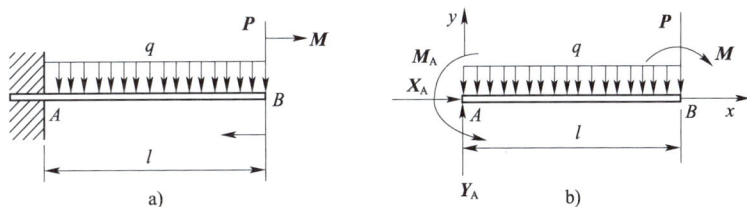

图 2-38 悬臂梁

解:取梁 AB 为研究对象。受力图及坐标系的选取如图 2-38b)所示。列平衡方程:

$$\sum X = 0,\ X_A = 0$$
$$\sum Y = 0,\ Y_A - ql - P = 0$$

解得：

$$Y_A = ql + P$$

$$\sum M = 0, M_A - ql^2/2 - Pl - M = 0$$

解得：

$$M_A = ql^2/2 + Pl + M$$

例 2-12　图 2-39 为钢筋混凝土三铰刚架的计算简图，在刚架上受到沿水平方向均匀分布的线载荷 $q = 8kN/m$，刚架高 $h = 8m$，跨度 $l = 12m$。试求支座 A、B 及铰 C 的约束反力。

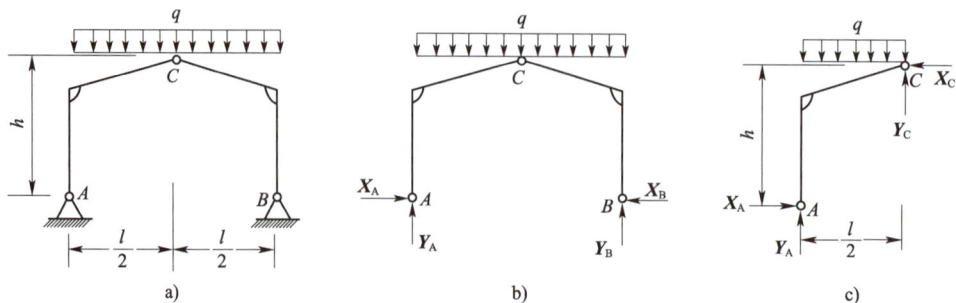

图 2-39　钢筋混凝土三铰刚架

解：先取刚架整体为研究对象，受力图如图 2-39b）所示，列平衡方程：

由

$$\sum M_C = 0, ql^2/2 - Y_A l = 0$$

$$\sum Y = 0, Y_A - ql + Y_B = 0$$

$$\sum X = 0, X_A - X_B = 0$$

解得：

$$Y_A = ql/2 = 48$$

$$Y_B = Y_A = 48$$

$$X_A = X_B$$

再取左半刚架为研究对象，受力图如图 2-39c）所示。

由

$$\sum M_C = 0, ql^2/8 + X_A h - Y_A l/2 = 0$$

解得：

$$X_A = 18kN$$

由式 $X_A = X_B$ 得：

$$X_A = X_B = 18kN$$

由

$$\sum X = 0, X_A - X_C = 0$$

解得：

$$X_C = X_A = 18kN$$

由

$$\sum X = 0, Y_A - ql/2 + Y_C = 0$$

解得：

$$Y_C = 0$$

复习与思考题

1. "合力一定大于分力"的说法是否正确？说明原因。

2. 用手拔钉子拔不出来，为什么用钉锤能拔出来？

3. 试比较力矩和力偶的异同。

4. 二次投影法中，力在平面上的投影是代数量还是矢量？为什么？

5. 已知力 F 与 x 轴的夹角 α，与 y 轴的夹角 β，以及力 F 的大小，能否计算出力 F 在 z 轴上的投影。

6. 设有一力 F，试问在何时 $F_x = 0$，$M_x(\boldsymbol{F}) = 0$；在什么情况下 $F_x = 0$，$M_x(\boldsymbol{F}) \neq 0$；又在什么情况下 $F_x \neq 0$，$M_x(\boldsymbol{F}) = 0$。

7. 设平面任意力系向一点简化得到一个合力，如果适当选取另一点为简化中心，问力系能否简化成一个力偶？

8. 试用力的平移定理说明用一只手扳丝锥攻螺纹所产生的后果。

9. 力偶可在作用面内任意移转，那又为什么说主矩一般与简化中心的位置有关？

10. 解析法求解平面汇交力系的平衡问题时，两投影轴是否一定要互相垂直？

11. 当两轴不垂直时，建立的平衡方程 $\sum X = 0$、$\sum Y = 0$，能否满足力系的平衡条件？

12. 如图 2-40 所示，已知力偶不能用力平衡，为什么图中的圆轮又能平衡？

13. 如图 2-41 所示，设刚体的 A、B、C 三点上分别作用力 F_1、F_2、F_3，若三力构成的力三角形自行封闭，问此力系是否平衡？

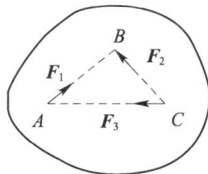

图 2-40　题 12 图　　　　图 2-41　题 13 图

14. 若平面汇交力系的各力在任意两个互相不平行的轴上的投影的代数和均为零，试说明该力系一定平衡。

15. 用解析法求平面汇交力系的合力时，若选取不同的直角坐标系，计算出的合力的大小有无变化？计算出的合力与坐标轴的夹角有无变化？

16. 从图 2-42 中所示的平面汇交力系的力多边形中，判断哪个力系是平衡的？哪个力系有合力？并指出合力。

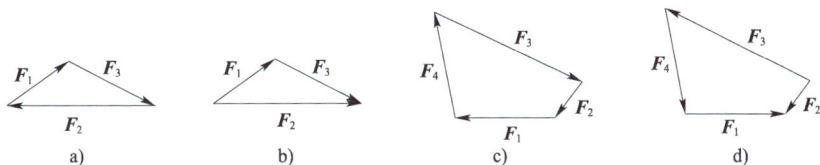

图 2-42　题 16 图

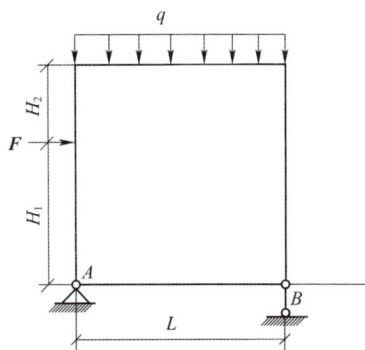

图2-43　题17图

17. 如图 2-43 所示,已知 $F = 30$kN,$q = 10$kN/m,$H_1 = 3$m,$H_2 = 2$m,$L = 4$m 求支座 A、B 处的约束反力。

18. 求图 2-44 中各梁的支座反力。

19. 如图 2-45 所示,求平面力系向 O 点简化的结果,已知 $F_1 = F_2 = F$、$F_3 = F_4 = 2F$。

20. 求如图 2-46 所示支架中 AB 杆、BC 杆所受的力,已知 $W = 40$kN。

21. 求如图 2-47 所示支架中 A、C 处的约束反力,已知 $W = 50$kN。

22. 求图 2-48 所示静定梁的支座反力,已知 $F = 4$kN,$M = 6$kN·m。

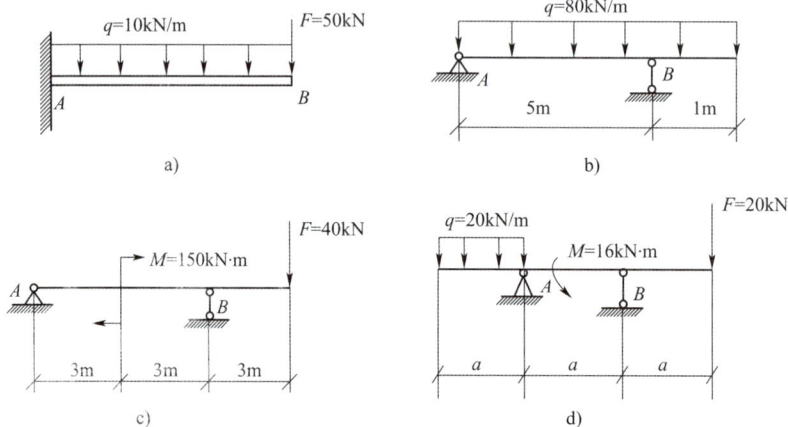

图2-44　题18图

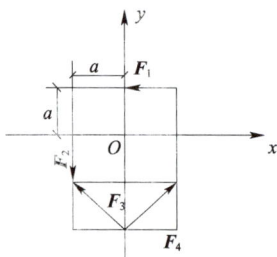

图2-45　题19图

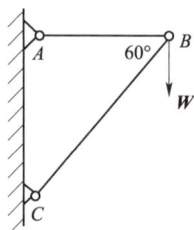

图2-46　题20图

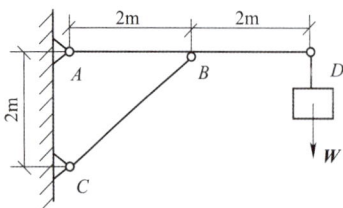

图2-47　题21图

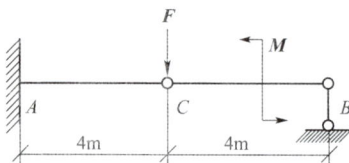

图2-48　题22图

23. 求图 2-49 所示力 F 对 O 点的力矩。

24. 求多跨静定梁的支座反力，如图 2-50 所示，已知 $F_1=60kN$、$F_2=40kN$、$F_3=20kN$，$a=2m$。

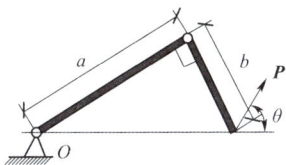

图 2-49 题 23 图

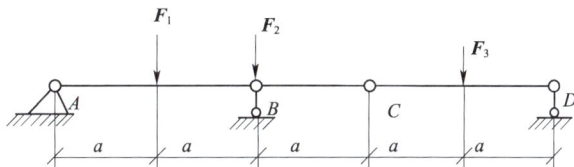

图 2-50 题 24 图

25. 杆 AC、BC 在 C 处铰接，另一端均与墙面铰接，如图 2-51 所示，F_1 和 F_2 作用在销钉 C 上，$F_1=445N$，$F_2=535N$，不计杆重，试求两杆所受的力。

26. 水平力 F 作用在刚架的 B 点，如图 2-52 所示。如不计刚架重量，试求支座 A 和 D 处的约束力。

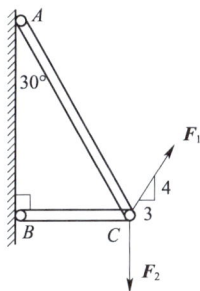

图 2-51 题 25 图

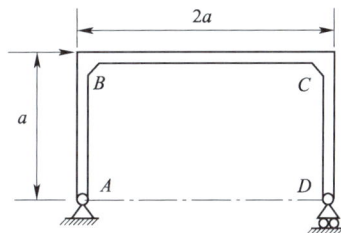

图 2-52 题 26 图

27. 在简支梁 AB 的中点 C 作用一个倾斜 45° 的力 F，力的大小等于 20kN，如图 2-53 所示。若梁的自重不计，试求两支座的约束力。

28. 四连杆机构在图 2-54 所示位置平衡。已知 $OA=60cm$、$BC=40cm$，作用在 BC 上的力偶的力偶矩大小为 $M_2=1N\cdot m$，试求作用在 OA 上的力偶矩大小 M_1 和 AB 所受的力 F_{AB} 所受的力。各杆重量不计。

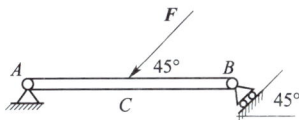

图 2-53 题 27 图

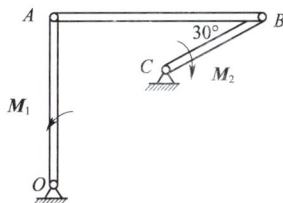

图 2-54 题 28 图

29. 如图 2-55 所示，AB 梁一端砌在墙内，在自由端装有滑轮用以匀速吊起重物 D，设重物的重量为 G，又 AB 长为 b，斜绳与铅垂线呈 α 角，求固定端的约束力。

30. AB、AC、DE 三杆连接如图 2-56 所示。DE 杆上有一插销 F 套在 AC 杆的导槽内。求在水平杆 DE 的 E 端有一铅垂力 F 作用时，AB 杆上所受的力。设 $AD=DB$、$DF=FE$、$BC=DE$，

所有杆重均不计。

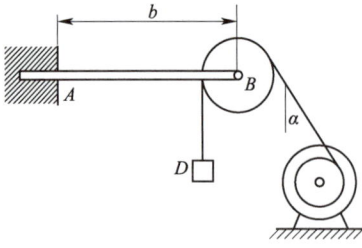

图 2-55　题 29 图

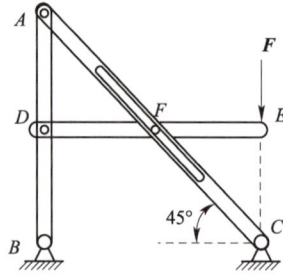

图 2-56　题 30 图

项目三

摩擦

Chapter

3

概　述

　　一个物体沿另一个物体接触表面有相对运动或相对运动趋势而受到阻碍的现象,称为摩擦现象,简称摩擦。摩擦是机械运动中普遍存在的一种自然现象。无论是机器运转、车辆行驶还是人行走都存在摩擦。前面的两个项目讨论刚体受力平衡问题时,将两物体的接触面看作绝对光滑和刚硬的,未考虑摩擦作用,这实际上是一种简化。当相对运动的两个物体接触面比较光滑或有良好的润滑条件,这时摩擦对所研究的问题的影响为次要因素,当摩擦较小时,这种简化是合理的,在工程近似计算中也是允许的。但在另一些问题中,摩擦对所研究的问题有重要的影响,是主要因素不能忽略。

任务一　摩擦基本知识

1 任务引入

　　车辆的制动、带传动、夹具利用摩擦夹紧工件;自行车后轮被链条驱动时,地面对后轮的摩擦力使自行车向前运动(图 3-1);汽车轮胎加纹路防止打滑(图 3-2)。两个相互接触的物体,当它们之间有相对滑动或有相对滑动趋势时,在接触面之间产生彼此阻碍运动的力,这种阻力就称为滑动摩擦力。这种滑动摩擦力有什么特点?又该如何避免滑动摩擦产生的危害?在生活和工程中如何有效地利用滑动摩擦力呢?

图 3-1　自行车前进

图 3-2　车辆的轮胎

2 相关理论知识

2.1 滑动摩擦

两个相互接触的物体发生相对滑动或有相对滑动趋势时,彼此之间就有阻碍滑动的力存在,此力称为滑动摩擦力,简称摩擦力。由于摩擦力对物体的运动起阻碍作用,所以摩擦力总是作用于接触面(点),沿接触处的公切线,与物体滑动或滑动趋势方向相反。

滑动摩擦按两接触面间是否有相对运动,可分为静滑动摩擦和动滑动摩擦两大类。

2.1.1 静滑动摩擦

两个相互接触的物体有相对滑动趋势时,彼此相互作用着阻止相对滑动的阻力,称为静滑动摩擦力,简称静摩擦力。

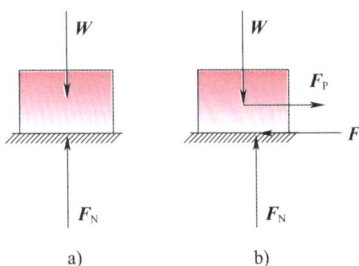

图 3-3 静滑动摩擦力

如图 3-3 所示,一重为 G 的物体放在粗糙水平面上,受水平力 P 的作用,当拉力 P 由零逐渐增大,只要不超过某一定值,物体仍处于平衡状态。这说明在接触面处除了有法向约束反力 N 外,必定还有一个阻碍重物沿水平方向滑动的摩擦力 F,这时的摩擦力称为静摩擦力。静摩擦力可由平衡方程确定。$\sum X = 0$、$P - F = 0$。解得 $F = P$。可见,静摩擦力 F 随主动力 P 的变化而变化。

但是静摩擦力 F 并不是随主动力的增大而无限制地增大,当水平力达到一定限度时,如果再继续增大,物体的平衡状态将被破坏而产生滑动。物体即将滑动而未滑动的平衡状态称为临界平衡状态。在临界平衡状态下,静摩擦力达到最大值,称为最大静摩擦力,用 F_m 表示。所以静摩擦力大小只能在零与最大静摩擦力 F_m 之间取值。即:

$$0 \leq F \leq F_m \tag{3-1}$$

最大静摩擦力与许多因素有关。大量实验表明,最大静摩擦力的大小可用如下近似关系表示:最大静摩擦力的大小与接触面之间的正压力(法向反力)成正比,即:

$$F_m = fN \tag{3-2}$$

式中,f 是无量纲的比例系数,称为静摩擦系数。其大小与接触面的性质(如粗糙度、湿度、温度等)有关,与接触面积的大小无关,可用实验方法测定,一般可在一些工程手册中查到,表 3-1 中列出了部分常用材料的摩擦因数。式(3-2)称为静摩擦定律,也称库仑摩擦定律,是工程中常用的近似理论,表示的关系只是近似的,对于一般的工程问题来说能够满足要求,但对于一些重要的工程,如采用上式必须通过现场测量与实验精确地测定静摩擦系数的值,作为设计计算的依据。

常见材料的摩擦系数 表 3-1

材料名称	摩擦系数			
	静摩擦系数 f		动摩擦系数 f'	
	无润滑剂	有润滑剂	无润滑剂	有润滑剂
钢与钢	0.15	0.1～0.2	0.15	0.05～0.1
钢与铸铁	0.3		0.18	0.05～0.15

材料名称	摩擦系数			
	静摩擦系数 f		动摩擦系数 f'	
	无润滑剂	有润滑剂	无润滑剂	有润滑剂
钢与青铜	0.15	0.1~0.15	0.15	0.1~0.15
铸铁与铸铁		0.18	0.15	0.07~0.12
铸铁与青铜			0.15~0.2	0.07~0.15
青铜与青铜		0.1	0.2	0.07~0.1
皮革与铸铁	0.3~0.5	0.15	0.6	0.015
橡胶与橡胶			0.8	0.5
木材与木材	0.4~0.6	0.1	0.2~0.5	0.07~0.15
铝与铝	1.05~1.35	0.3	1.4	
制动材料与铸铁	0.4			

想一想：若 $G=200\text{N}$，$T=100\text{N}$，$\alpha=30°$，物块与固定面的静摩擦系数都是 $f=0.5$，如图 3-4 所示的三种情况，物体分别处于什么状态？

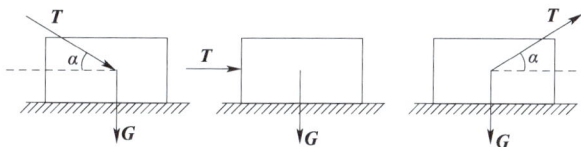

图 3-4　判断物体状态

2.1.2 动滑动摩擦力

物体间在相对滑动时的摩擦力称为动摩擦力，用 F' 表示。实验表明，动摩擦力的方向与接触物体间的相对运动方向相反，大小与两物体间的法向反力成正比。即：

$$F' = f'N \tag{3-3}$$

这就是动滑动摩擦定律。式中无量纲的系数 f' 称为动摩擦系数。还与两物体的相对速度有关，但由于它们关系复杂，通常在一定速度范围内，可以不考虑这些变化，而认为只与接触的材料以及接触面状况有关外。一般情况下，$f>f'$。

想一想：为什么物体从静止开始滑动时比较费力，一旦滑动后，再继续推动就比较省力了？

小贴士：关于摩擦的定律是由法国科学家库仑于 1781 年建立的。摩擦定律是近似实验定律，虽然近代摩擦理论更复杂、更精确，但在一般工程计算中，应用它已能满足要求，因此库仑定律还是被广泛采用。

他根据 1779 年对摩擦力进行分析，提出有关润滑剂的科学理论，于 1781 年发现了摩擦力与压力的关系，表述出摩擦定律、滚动定律和滑动定律。

2.2 摩擦角和自锁现象

2.2.1 摩擦角

当物体有相对运动趋势时，在考虑摩擦的情况下，平衡物体受到的约束反力为：法向反力

N 和切向反力 F（即摩擦力），两者的合力称为全约束反力，或全反力，以 R 表示。它与接触面法线间的夹角为 φ，如图 3-5a）所示。

全反力 R 与接触面公法线的夹角 φ 随静滑动摩擦力的增大而增大。当静摩擦力达到最大值 F_m 时，夹角 φ 也达到最大值 φ_f，则称 φ_f 为摩擦角，如图 3-5b）所示。由此得：

$$\tan\varphi_f = F_m/N = fN/N = f \tag{3-4}$$

式（3-4）表明，静摩擦因数等于摩擦角的正切。

想一想：在倾角为 α 的斜面上放一物体，如图 3-6 所示，若物体只受重力 G 的作用，并设物体与斜面间的摩擦系数为 f。请讨论物体保持平衡时的最大倾角。

2.2.2 自锁现象

物体平衡时静摩擦力总是小于或等于最大静摩擦力，如图 3-7 所示，全反力与接触面法线间的夹角 φ 也总是小于或等于摩擦角 φ_f，即 $0 \le \varphi \le \varphi_f$。由于静摩擦力不可能超过其最大值，因此，全反力的作用线不可能超出摩擦角的范围。

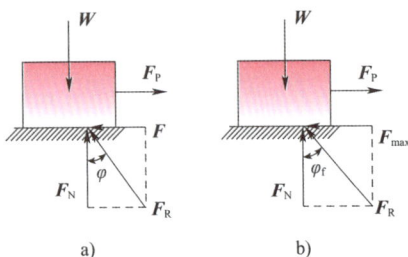

图 3-5 摩擦角

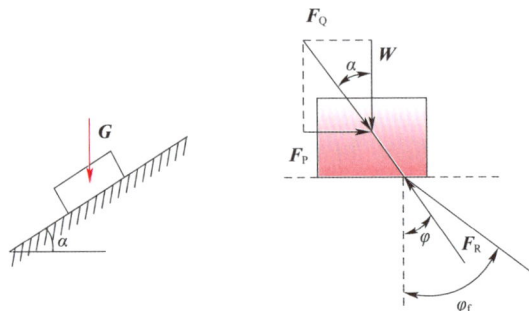

图 3-6 摩擦角应用

图 3-7 自锁现象

当主动力的合力 R 的作用线在摩擦角 φ_f 以内时，由二力平衡公理可知，全反力 R 与之平衡。因此，只要主动力合力的作用线与接触面法线的夹角 φ 不超过 φ_m，则不论这个力多大，物体总是平衡的，这种现象称为自锁现象。这种与力的大小无关，而与摩擦角（或摩擦系数）有关的平衡条件称为自锁条件。自锁条件可用 $\alpha \le \varphi_f$ 表示，式中 α 为主动力的合力与接触面法线之间的夹角。

反之，当主动力合力的作用线与接触面法线间的夹角 α 大于 φ_f 时，全反力 R 不可能与之平衡，因此不论这个力多么小，物体一定滑动。

应用实例

自锁在工程上是很重要的应用。人们常利用自锁原理设计一些机械，螺旋千斤顶就是其中一例，如图 3-8 所示。为了举起重物，设计时必须保证千斤顶的螺杆不会自行下落。假设螺杆和螺母之间的静摩擦系数为 0.1，则：

$$\tan\alpha_m = f = 0.1$$

得：

$$\alpha_m = 5°43'$$

为保证螺旋千斤顶自锁，一般取 $\alpha = 4° \sim 4°30'$。

相反，自卸汽车车厢在卸货时的仰角应大于摩擦角才能将货物卸净，船厂的船台倾角大于摩擦角时船才能顺利下水等，这些都是防止自锁的例子。

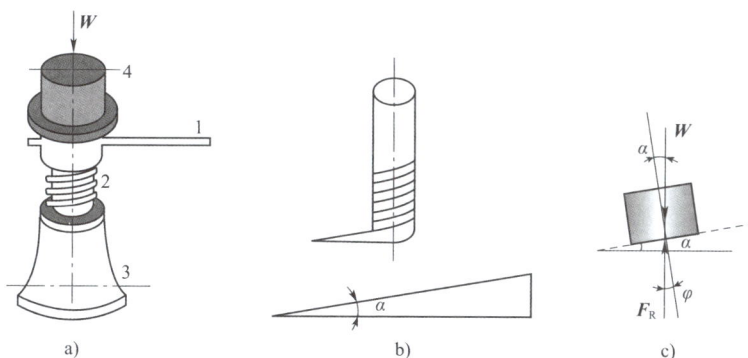

図 a) b) c)

图 3-8　螺旋千斤顶

任务二　考虑摩擦时物体的平衡

1 任务引入

前面讨论平衡问题时,物体接触面间假设都是绝对光滑的。事实上两物体之间一般都有摩擦存在。只是有些物体接触面比较光滑或具有良好的润滑时,摩擦力很小,这种简化是合理的,在工程近似计算中也是允许的。但在大多数工程技术问题中,摩擦是一个不容忽视的因素。例如,车辆的行驶和制动,摩擦轮或带传动、螺栓利用摩擦锁紧等。由于摩擦的存在,也会造成能量的消耗、机器的磨损,因磨损而导致失效的机械零件约占全部报废零件的80%左右,如图3-9所示。

机械齿轮磨损明显

图 3-9　零件的磨损

2 相关理论知识

考虑摩擦时,求解物体的平衡问题的方法和步骤,与之前平面一般力系的求解方法基本相同。但在画受力图及分析计算时,必须考虑摩擦力 F,摩擦力 F 的方向与相对滑动趋势的方向相反,大小有一个范围。求解有摩擦时物体的平衡问题,其解题方法和步骤与不考虑摩擦时平衡问题基本相同。

3 任务实施

例 3-1　物体重 $G = 980\text{N}$,放在一倾角 $\alpha = 30°$ 的斜面上。已知接触面间的静摩擦系数为 $f = 0.20$。有一大小为 $Q = 588\text{N}$ 的力沿斜面推物体,如图3-10所示。问物体在斜面上处于静止还是处于滑动状态?若静止,此时摩擦力多大?

解:可先假设物体处于静止状态,然后由平衡方程求出物体处于静止状态时所需的静摩擦

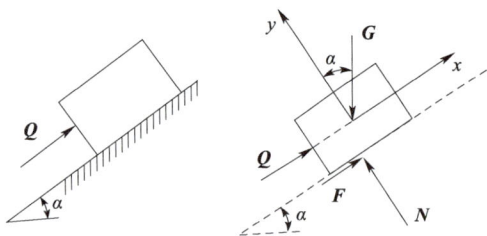

图 3-10 例 3-1 图

力 F，并计算出可能产生的最大静摩擦力 F_m，将两者进行比较，确定力 F 是否满足 $F \leqslant F_m$，从而断定物体是静止的还是滑动的。

设物体沿斜面有下滑的趋势，受力图及坐标系如图 3-10 所示。

由　　　　$\sum X = 0, Q - G\sin\alpha + F = 0$

解得
$$F = G\sin\alpha - Q = -98\text{N}$$

由
$$\sum Y = 0, N - G\cos\alpha = 0$$

解得
$$N = G\cos\alpha = 848.7\text{N}$$

根据静定摩擦定律，可能产生的最大静摩擦力为：
$$F_m = fN = 169.7\text{N}$$
$$|F| = 98\text{N} < 169.7\text{N} = F_m$$

结果说明，物体在斜面上保持静止。而静摩擦力 F 为 -98N，负号说明实际方向与假设方向相反，故物体沿斜面有上滑的趋势。

例 3-2　重 Q 的物体放在倾角 $\alpha < \varphi_m$ 的斜面上（图 3-11），求维持物体在斜面上静止时的水平推力 P 的大小。

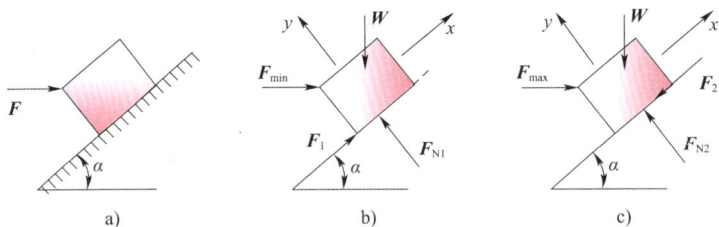

a)　　　　b)　　　　c)

图 3-11　例 2 题图

解： 因 $\alpha > \varphi_m$，若力 F 过小，则物体下滑；若力 F 过大，又将使物体上滑；若力 F 的数值必在某一范围内。

先求刚好维持物体不至于下滑所需力 F 的最小值 F_{min}。此时，物体处于下滑的临界状态，其受力图及坐标系如图 3-11b)所示。

由

$$\sum X = 0, F_{min}\cos\alpha - W\sin\alpha + F_{1m} = 0 \tag{a}$$
$$\sum Y = 0, F_{N1} - F_{min}\sin\alpha - W\cos\alpha = 0 \tag{b}$$

由式（b）有：

$$F_{N1} = F_{min}\sin\alpha + W\cos\alpha \tag{c}$$

将 $F_{1m} = f F_{N1}$、$f = \tan\varphi_f$ 和式（c）代入式（a），得：

$$F_{min} = \frac{W(\sin\alpha - f\cos\alpha)}{\cos\alpha + f\sin\alpha} = W\tan(\alpha - \varphi_f) \tag{d}$$

再求不使物体向上滑动的力 F 的最大值 F_{max}。此时，物体处于上滑的临界平衡状态，其受力图及坐标如图 3-11c)所示。

由

$$\sum X = 0, F_{max}\cos\alpha - F_2 - W\sin\alpha = 0 \qquad (e)$$

$$\sum Y = 0, F_{N2} - F_{max}\sin\alpha - W\cos\alpha = 0 \qquad (f)$$

由式（f）有：

$$F_{N2} = F_{max}\sin\alpha + W\cos\alpha \qquad (g)$$

将 $F_{2m} = fF_{N2}$、$f = \tan\varphi_f$ 和式（g）代入式（e），得：

$$F_{max} = \frac{W(\sin\alpha + f\cos\alpha)}{\cos\alpha - f\sin\alpha} = W\tan(\alpha + \varphi_f) \qquad (h)$$

可见，要使物体在斜面上保持静止，力 F 必须满足下列条件。

$$W\tan(\alpha - \varphi_f) \leqslant F \leqslant W\tan(\alpha + \varphi_f)$$

复习与思考题

1. 静摩擦力有哪些特点？

2. 什么叫摩擦角？什么叫自锁？

3. 总结归类以下哪些方式可以增大滑动摩擦力？哪些可以减小滑动摩擦力？

（1）使接触面更粗糙。

（2）加润滑油。

（3）加大接触面积。

（4）加大法向压力。

（5）加大切向力。

4. 欲使静止在粗糙斜面上的物体开始下滑，可以采取的做法是什么？

5. 在图 3-12 所示两种情况中，$P = 200N$，$F = 100N$，$\alpha = 30°$。静摩擦系数 $f = 0.5$，求各种情况下物块所受的摩擦力及哪种情况下物体会产生运动？

图 3-12 题 5 图

6. 图 3-13 所示重为 $P = 10kN$ 的物块放在水平面上，与水平面间的摩擦角为 $\varphi_m = 30°$，用与水平方向呈 45° 角的力 W 拉物块，已知 $W = 5kN$，问物块处于什么运动状态。

7. 图 3-14 所示为吊装混凝土的简单起重装置，已知混凝土连料斗的重量为 30kN，料斗与滑道间的摩擦系数为 0.3，轨道与水平面间的夹角为 60°，缆索和轨道平行，求料斗匀速上升和匀速下降时缆绳的拉力。

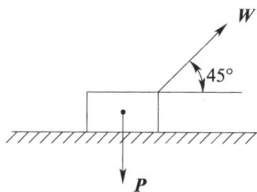

图 3-13 题 6 图

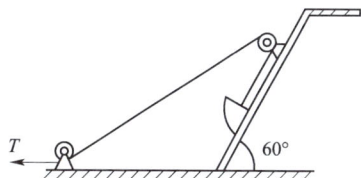

图 3-14 题 7 图

8. 某变速机构中滑移齿轮如图 3-15 所示,已知齿轮孔与轴间的摩擦系数为 f,齿轮与轴间接触面的长度为 b。问插拔作用在齿轮上的力 F 到轴线的距离 a 为多大,齿轮才不被卡住。其中齿轮的重量忽略不计。

9. 如图 3-16 所示,重为 200N 的梯子 AB 一端靠在铅垂的墙壁上,另一端搁置在水平地面上,$\theta = \arctan 4/3$。假设梯子与墙壁间为光滑约束,而与地面之间存在摩擦,静摩擦因数 $f_s = 0.5$。问梯子是处于静止还是会滑到?此时,摩擦力的大小为多少?

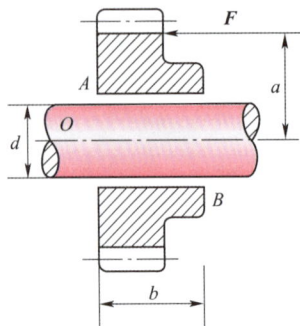

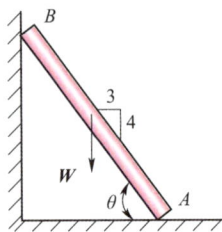

图 3-15 题 8 图　　　图 3-16 题 9 图

10. 试定量地比较用同样的材料,在相同的粗糙度和相同的带压力下,平带与三角带的最大静摩擦力哪个大?

项目四

Chapter 4

空间力系和重心

概　述

空间力系在工程实际和生活中是经常遇到的力系。空间一般力系是物体最一般的受力情况，平面汇交力系、平面平行力系、平面一般力系都是它的特殊情况。本项目研究空间一般力系处于平衡时力系应满足的条件，讨论物体的重心问题以及在机械工程中的应用。特别是将空间力系平衡问题转换为平面力系平衡问题的解法更有实用意义，为后续课程打下基础。

任务一　空间力系

1 任务引入

各力的作用线不在同一平面内的力系称为空间力系。按各力作用线在空间的位置关系，空间力系可分为空间汇交力系、空间平行力系和空间任意力系。工程上经常遇到空间力系，之前项目二介绍的各种平面力系都可看作空间力系的特殊情况。

一辆三轮货车自重 $F_G = 5kN$，载重 $F = 10kN$，作用点位置如图 4-1 所示。求静止时地面对车轮的反力。

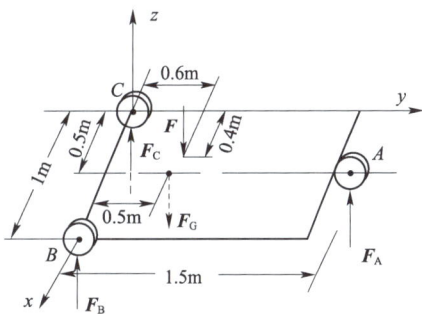

2 相关理论知识

2.1 力在空间直角坐标轴上的投影

图 4-1　三轮货车受力

已知力 F 与 x 轴如图 4-2a) 所示，过力 F 的两端点 A、B 分别作垂直于 x 轴的平面 M 及 N，与 x 轴交于 a、b，则线段 ab 冠以正号或负号称为力 F 在 x 轴上的投影，即：

$$F_x = \pm ab$$

符号规定：若从 a 到 b 的方向与 x 轴的正向一致取正号；反之取负号。

已知力 F 与平面 Q 如图 4-2b) 所示。过力的两端点 A、B 分别作平面 Q 的垂直线 AA'、BB'，则矢量 $A'B'$ 称为力 F 在平面 Q 上的投影。应注意的是，力在平面上的投影是矢量，而力在轴上的投影是代数量。

现在讨论力 F 在空间直角坐标系 Oxy 中的情况。如图 4-3a) 所示，过力 F 的端点 A、B

分别作 x、y、z 三轴的垂直平面,则由力在轴上的投影的定义知,OA、OB、OC 就是力 F 在 x、y、z 轴上的投影。设力 F 与 x、y、z 所夹的角分别是 α、β、γ,则力 F 在空间直角坐标轴上的投影为:

$$\left.\begin{aligned} F_x &= \pm F\cos\alpha \\ F_y &= \pm F\cos\beta \\ F_z &= \pm F\cos\gamma \end{aligned}\right\} \tag{4-1}$$

用这种方法计算力在轴上的投影的方法称为直接投影法。

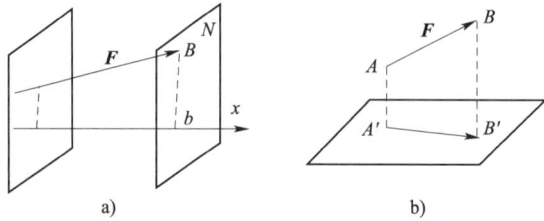

图 4-2 力在平面上的投影

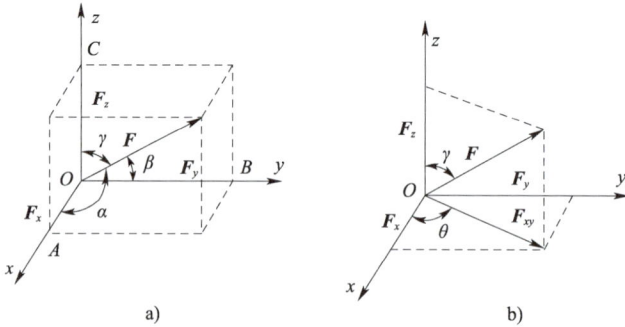

图 4-3 力在空间直角坐标轴上的投影

一般情况下,不易全部找到力与三个轴的夹角,设已知力 F 与 z 轴夹角为 γ,可先将力投影到坐标平面 Oxy 上,然后再投影到坐标轴 x、y 上,如图 4-3b)所示。设力 F 在 Oxy 平面上的投影为 F_{xy} 与 x 轴间的夹角为 θ,则:

$$\left.\begin{aligned} F_x &= \pm F\sin\gamma\cos\theta \\ F_y &= \pm F\sin\gamma\sin\theta \\ F_z &= \pm F\cos\gamma \end{aligned}\right\} \tag{4-2}$$

用这种方法计算力在轴上的投影称为二次投影法。

若已知力 F 在坐标轴上的投影,则该力的大小及方向余弦为:

$$\left.\begin{aligned} F &= \sqrt{X^2 + Y^2 + Z^2} \\ \cos\alpha &= \frac{X}{F}, \cos\beta = \frac{Y}{F}, \cos\gamma = \frac{Z}{F} \end{aligned}\right\} \tag{4-3}$$

如果把一个力沿空间直角坐标轴分解,则沿三个坐标轴分力的大小等于力在这三个坐标轴上投影的绝对值。

2.2　力对轴之矩

力对轴之矩是度量力使物体绕某轴转动效应的力学量。实践表明,力使物体绕一个轴转动的效果,不仅与力的大小有关,而且和力与转轴之间的相对位置有关。如图4-4所示的一扇门可绕固定轴 z 转动。将力 F 分解为平行于 z 轴的分力 F_z 和垂直于轴的分力 F_{xy}(即为力 F 在平面 Oxy 上的投影)。由经验可知,分力 F_z 不能使门绕 z 轴转动,即力 F_z 对 z 轴的矩为零;只有分力 F_{xy} 才能使门绕 z 轴转动。现用符号 $M_z(F)$ 表示力 F 对 z 轴的矩,点 O 为平面 Oxy 与 z 轴的交点,h 为 O 点到力 F_{xy} 作用线的距离。因此,力 F 对 z 轴的矩与其分力 F_{xy} 对点 O 的矩等效,即:

$$M_z(F) = M_O(F_{xy}) = \pm F_{xy}h \tag{4-4}$$

可得,力对轴之矩的定义如下:力对轴的矩是力使刚体绕该轴转动效应的量度,是一个代数量,其大小等于力在垂直于该轴的平面上的投影对该平面与该轴的交点的矩,其正负号规定为:从轴的正向看,力使物体绕该轴逆时针转动时,取正号;反之取负号。也可按右手螺旋法则来确定其正负号,拇指指向与轴的正向一致时取正号,反之取负号,如图4-4e)所示。

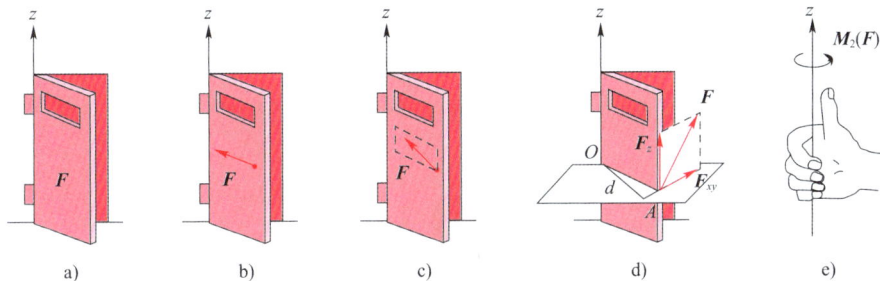

图4-4　门绕门轴转动

注意:当力与轴共面时力对该轴的之矩为零。力对轴之矩的单位是牛·米(N·m)或千牛·米(kN·m)。另外,合力矩定理对空间力系而言,同样适用。

$$M_O(F_R) = \sum_{i=1}^{n} M_O(F_i)$$

2.3　空间力系的平衡

参照平面力系的平衡方程,通过力系的简化,可建立空间力系的平衡方程。

$$\left. \begin{array}{l} \sum F_x = 0, \sum F_y = 0, \sum F_z = 0 \\ \sum M_x(F) = 0, \sum M_y(F) = 0, \sum M_z(F) = 0 \end{array} \right\} \tag{4-5}$$

上式表明:空间力系平衡的必要和充分条件为各力在三个坐标轴上投影的代数和以及各力对此三轴之矩的代数和分别等于零。式(4-5)有六个独立的平衡方程,要求解六个未知数。

从空间任意力系的平衡方程,很容易导出空间汇交力系和空间平行力系的平衡方程。如图4-5a)所示,设物体受一空间汇交力系的作用,若选择空间汇交力系的汇交点为坐标系 $Oxyz$ 的原点,则不论此力系是否平衡,各力对三轴之矩恒为零,即 $\sum M_x(F) \equiv 0$,$\sum M_y(F) \equiv 0$,$\sum M_z(F) \equiv 0$。

因此,空间汇交力系的平衡方程为:

$$\sum F_x = 0$$
$$\sum F_y = 0$$
$$\sum F_z = 0 \tag{4-6}$$

如图 4-5b)所示,设物体受一空间平行力系的作用。令轴与这些力平行,则各力对于轴的矩恒等于零;又由于轴和轴都与这些力垂直,所以各力在这两个轴上的投影也恒等于零。即 $\sum M_z(F) \equiv 0$,$\sum F_x \equiv 0$,$\sum F_y \equiv 0$。因此,空间平行力系的平衡方程为:

$$\sum F_z = 0$$
$$\sum M_x(F) = 0 \qquad\qquad (4-7)$$
$$\sum M_y(F) = 0$$

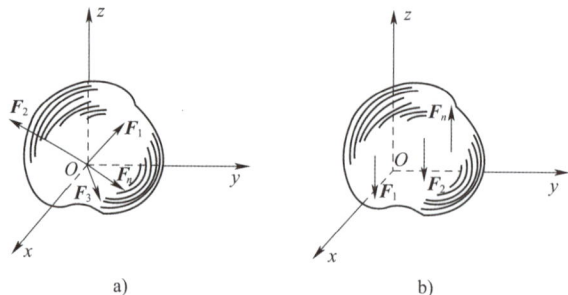

图 4-5 空间汇交力系和空间平行力系

空间汇交力系和空间平行力系分别只有三个独立的平衡方程,因此只能求解三个未知数。

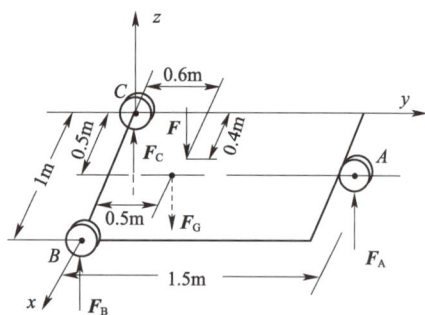

图 4-6 例 4-1 题图

3 任务实施

例 4-1 一辆三轮货车自重 $F_G = 5kN$,载重 $F = 10kN$,作用点位置如图 4-6 所示。求静止时地面对车轮的反力。

解:三轮货车的自重 F_G、载重 F 及地面对车轮的约束反力组成空间平行力系,建立平衡方程:

$$\sum F_x = 0, F_A + F_B + F_C - G_A - F = 0$$
$$\sum M_x(F) = 0, 1.5F_A - 0.5F_G - 0.6F = 0$$
$$\sum M_y(F) = 0, -0.5F_A - 1F_B + 0.5F_G + 0.4F_A = 0$$

联立以上方程求解得:

$$F_A = 5.67kN \quad F_B = 5.66kN \quad F_C = 3.67kN$$

任务二 物体的重心

1 任务引入

重心是力学中的一个重要概念。对物体重心的研究,在生活实际中有很重要的意义。例如,起重机重心的位置若超出某一范围,受载后就不能保证起重机的平衡,而会出现倾倒的现象(图 4-7)。汽车或飞机重心(图 4-8)的位置对它们运动的稳定性和操作性也有很大影响。另外,重心位置又和许多动力学问题有关。例如,高速旋转的飞轮或轴类零件,若重心位置偏离轴线,则会引起强烈振动,甚至破坏。

图 4-7　起重器倾倒

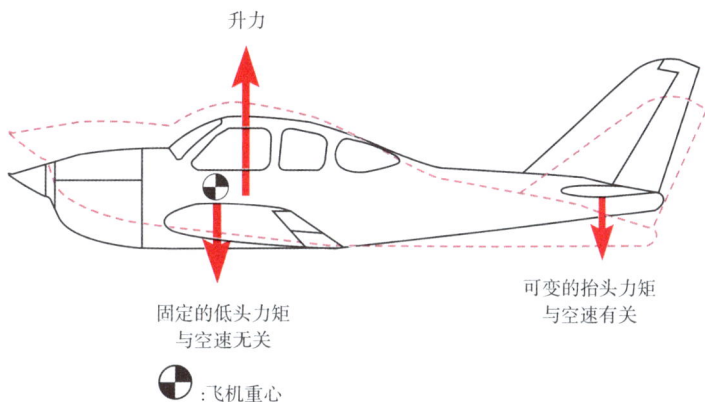

图 4-8　飞机重心

② 相关理论知识

物体的重力是地球对物体的引力,如果把物体看成是由许多微小部分组成的,则每个微小的部分都受到地球的引力,这些引力汇交于地球的中心,形成一个空间汇交力系,但由于我们所研究的物体尺寸与地球的直径相比要小得多,因此可以近似地看成是空间平行力系,该力系的合力即为物体的重量。由实践可知,无论物体如何放置,重力合力的作用线总是过一个确定点,这个点就是物体的重心。

重心的位置对于物体的平衡和运动,都有很大关系。在工程上,设计挡土墙、重力坝等建筑物时,重心位置直接关系到建筑物的抗倾稳定性及其内部受力的分布。机械的转动部分如偏心轮应使其重心离转动轴有一定距离,以便利用其偏心产生的效果;而一般的高速转动物体又必须使其重心尽可能不偏离转动轴,以免产生不良影响。所以如何确定物体的重心位置,在实践中有着重要的意义。

2.1　重心坐标公式

如图 4-9 所示,设一物体放置于坐标系 $Oxyz$ 中,将物体分成许多微小的部分,其所受的重力各为 ΔP_i,作用点即微小部分的重心为 C_i,其对应坐标分别为 x_i、y_i、z_i,所有 ΔP_i 的合力 P 就是整个物体所受的重力,其大小即整个物体的重量为 $P = \sum \Delta p$,其作用点即为物体的重心 C。设重心 C 的坐标为 x_C、y_C、z_C,由合力矩定理,有:

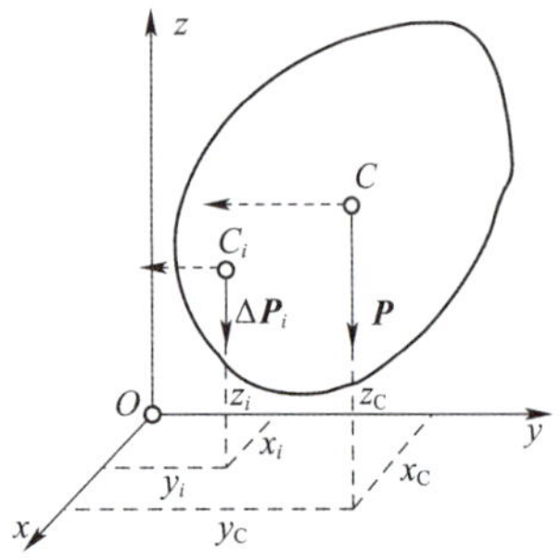

图4-9　重心的概念及其坐标公式

$$M_x(P) = \sum M_x(\Delta P), \ -Py_C = -\sum \Delta P_y$$
$$M_y(P) = \sum M_y(\Delta P), \ Px_C = \sum \Delta P_x$$

根据物体重心的性质,将物体与坐标系固连在一起绕 x 轴转过 $90°$,各力 ΔP_i 及 P 分别绕其作用点也转过 $90°$,如图中虚线所示,再应用合力矩定理,有:

$$M_x(P) = \sum M_x(\Delta P), \ Pz_C = \sum \Delta P_z$$

由上述三式可得物体的重心坐标公式为:

$$x_C = \frac{\sum \Delta P_x}{P}, \ y_C = \frac{\sum \Delta P_y}{P}, \ z_C = \frac{\sum \Delta P_z}{P} \tag{4-8}$$

若物体是均质的,其单位体积的重量为 γ,各微小部分体积为 ΔV_i,整个物体的体积为 $V = \sum \Delta V$,则 $\Delta P_i = \gamma \Delta V_i$,将 $P = \gamma V$ 代入上式,得:

$$x_C = \frac{\sum \Delta V_x}{V}, \ y_C = \frac{\sum \Delta V_y}{V}, \ z_C = \frac{\sum \Delta V_z}{V} \tag{4-9}$$

由式(4-9)可知,均质物体的重心与物体的重量无关,只取决于物体的几何形状和尺寸。这个由物体的几何形状和尺寸决定的物体的几何中心,称为物体的形心。它是几何概念。只有均质物体的重心和形心才重合于同一点。

若物体是均质薄壳(或曲面),其重心(或形心)坐标公式为:

$$x_C = \frac{\sum \Delta A_x}{A}, \ y_C = \frac{\sum \Delta A_y}{A}, \ z_C = \frac{\sum \Delta A_z}{A} \tag{4-10}$$

若物体是或均质细杆(或曲线),其重心(或形心)坐标公式为:

$$x_C = \frac{\sum \Delta L_x}{L}, \ y_C = \frac{\sum \Delta L_y}{L}, \ z_C = \frac{\sum \Delta L_z}{L} \tag{4-11}$$

2.2　物体重心与形心的计算

根据物体的具体形状的特征,可用不同的方法确定其重心及形心的位置。

2.2.1　对称法

由重心公式不难证明,具有对称轴、对称面或对称中心的均质物体,其形心必定在其对称轴、对称面或对称中心上。因此,有一根对称轴的平面图形,其形心在对称轴上;具有两根或两根以上对称轴的平面图形,其形心在对称轴的交点上;有对称中心的物体,其形以在对称中心上,如图4-10所示。

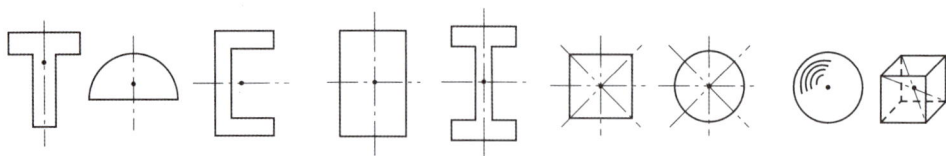

图4-10　对称截面

2.2.2　组合法

有些平面图形是由几个简单图形组成的,称为组合图形,可先把图形分成几个简单图形,再应用形心坐标公式计算出组合图形的形心这种方法称组合法。若物体由几个简单形状的物体组成,则整个物体的重心可用公式(4-12)求得。该方法又分为分割法和负面积法。

$$x_C = \frac{\sum P_i x_i}{\sum P_i}, y_C = \frac{\sum P_i y_i}{\sum P_i}, z_C = \frac{\sum P_i z_i}{\sum P_i} \qquad (4\text{-}12)$$

2.2.3 实验法

（1）悬挂法（图4-11）：原理是二力平衡条件。当悬挂物体处于平衡状态时，物体受到的重力方向一定与拉力在同一直线上，所以重心在拉力的直线上。这样两次拉力作用线的交点就是物体的重心。

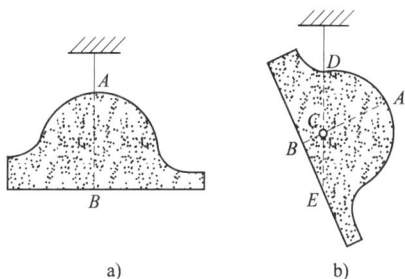

（2）称重法：首先测定汽车的重量 P，然后测出前后轮距 l 和车轮半径 r。将汽车后轮放在地面上（图4-12），前轮放在磅秤上，车身保持水平，读出磅秤上数值为 F_1，则根据平衡方程，可求得 $x_C = \dfrac{F_1}{P} l$。然后将后轮抬到任意高度 H，此时磅秤的读书为 F_2，根据平衡方程，可得 $x'_C = \dfrac{F_2}{P} l'$。由几何关系可得：

图4-11 悬挂法

$$z_C = r + \frac{F_2 - F_1}{P} \frac{1}{H} \sqrt{l^2 - H^2}$$

$$z_C = r + \frac{F_2 - F_1}{P} \frac{\sqrt{l^2 - H^2}}{H}$$

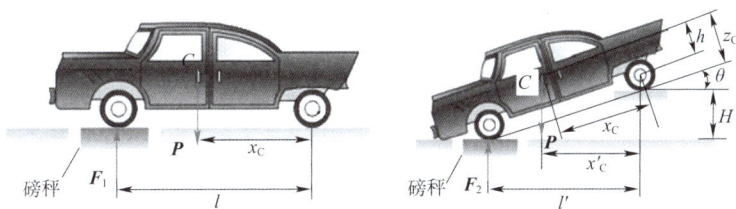

图4-12 称重法

3 任务实施

例4-2 图4-13所示为一倒 T 形截面，具体尺寸如图所示，求该截面的形心。

解：因图形有一对称轴，故取该轴为轴，如图4-13所示。则图形形心必在轴上，即 $x_C = 0$。将图形分成两部分 A_1、A_2，各分图形面积及坐标 y_i 如下：

图4-13 例4-7图

$$A_1 = 200 \times 400 = 80000 (\text{mm}^2)$$

$$Y_1 = 400/2 + 100 = 300 (\text{mm})$$

$$A_2 = 600 \times 100 = 60000 (\text{mm}^2)$$

$$Y_1 = 100/2 = 50 (\text{mm})$$

则

$$y_C = \frac{A_1 y_1 + A_2 y_2}{A_1 + A_2} = \frac{80000 \times 300 + 60000 \times 50}{80000 + 60000} = 192.9 (\text{mm})$$

复习与思考题

1. 已知一个力 F 的值及该力与 x 轴、y 轴的夹角 α、β，能否算出该力在 z 轴的投影？

2. 有一力 F 和 x 轴，若力在轴上的投影和力对轴的矩是下列情况：(1) $F_x = 0$，$M_x(F) \neq 0$；(2) $F_x \neq 0$，$M_x(F) = 0$；(3) $F_x \neq 0$，$M_x(F) \neq 0$；(4) $F_x = 0$，$M_x(F) = 0$。试判断每一种情况力 F 的作用线与 x 轴的关系。

3. 空间任意力系的平衡方程除了包括三个投影方程和三个力矩方程外，是否还有其他形式？

4. 物体的重心是否一定在物体的内部？

5. 当物体质量分布不均匀时，重心和几何中心还重合吗？为什么？

6. 计算一物体重心的位置时，如果选取的坐标轴不同，重心的坐标是否改变？重心在物体内的位置是否改变？

7. 求图4-14所示阴影部分的重心位置。其中 $R_1 = 10\text{cm}$，$R_2 = 8\text{cm}$，$r = 6\text{cm}$。

8. 求图4-15所示双曲拱桥的主拱圈截面的重心位置。

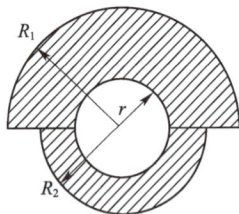

图4-14 题7图　　　　图4-15 题8图

9. 试求图4-16所示两平面图形形心 C 的位置。

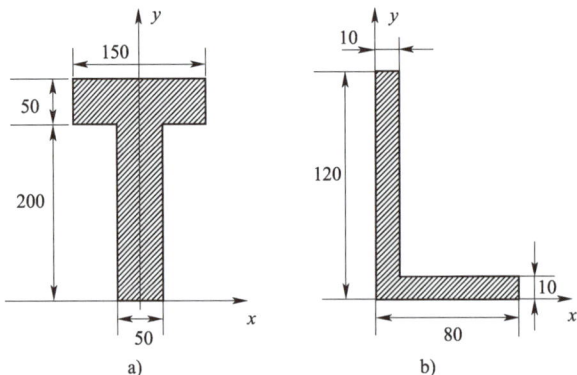

图4-16 题9图

10. 起重机简化为图4-17所示形式。车身重 $P = 15\text{kN}$，P 作用线过平面 ABC 内的 D 点，A 点和 D 点的连线延长后垂直平分线 BC。起吊重物重为 $W = 5\text{kN}$，重力 W 的作用线通过 ABC 平面内的 E 点，各尺寸如图4-17所示。求地面对起重机各轮的约反力。

11. 某传动轴装有皮带轮,如图 4-18 所示,其半径为 $r_1 = 15\text{cm}$、$r_2 = 20\text{cm}$,轮 I 的皮带是水平的,其张力 $T_1 = 2t_1 = 1000\text{N}$,轮 II 的皮带和铅垂线呈 $\beta = 45°$,其张力 $T_2 = 2t_2$,求传送带做匀速转动时的张力 T_2、t_2 和轴承反力。

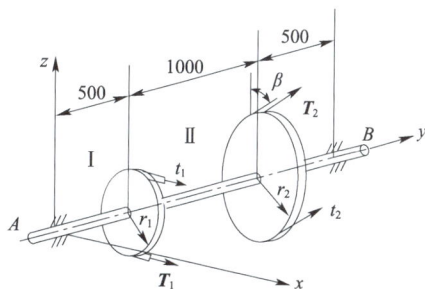

图 4-17　题 10 图　　　　　　　　图 4-18　题 11 图

第二部分
材料力学

工程力学中将物体抽象化为两种计算模型：刚体和理想变形固体。

刚体是在外力作用下形状和尺寸都不改变的物体，也就是本书第一部分静力学的研究对象。实际上，任何物体受力的作用后都发生一定的变形，但在一些力学问题中，物体变形这一因素与所研究的问题无关或对其影响甚微，这时可将物体视为刚体，从而使研究的问题得到简化。

理想变形固体是对实际变形固体的材料理想化，作出以下假设：

（1）连续性假设。认为物体的材料结构是密实的，物体内材料是无空隙的连续分布。

（2）均匀性假设。认为材料的力学性质是均匀的，从物体上任取或大或小一部分，材料的力学性质均相同。

（3）各向同性假设。认为材料的力学性质是各向同性的，材料沿不同方向具有相同的力学性质，而各方向力学性质不同的材料称为各向异性材料。本教材中仅研究各向同性材料。

按照上述假设理想化的一般变形固体称为理想变形固体。刚体和变形固体都是工程力学中必不可少的理想化的力学模型。变形固体受载荷作用时将产生变形。当载荷撤去后，可完全消失的变形称为弹性变形；不能恢复的变形称为塑性变形或残余变形。在多数工程问题中，要求构件只发生弹性变形。工程中，大多数构件在载荷的作用下产生的变形量若与其原始尺寸相比很微小，称为小变形。小变形构件的计算，可采取变形前的原始尺寸并可略去某些高阶无穷小量，可大大简化计算。

综上所述，材料力学把所研究的结构和构件看作是连续、均匀、各向同性的理想变形固体，在弹性范围内和小变形情况下研究其承载能力。

此外，结构正常工作必须满足强度、刚度和稳定性的要求。强度是指抵抗破坏的能力。满足强度要求就是要求结构的构件在正常工作时不发生破坏。刚度是指抵抗变形的能力。满足刚度要求就是要求结构的构件在正常工作时产生的变形不超过允许范围。稳定性是指结构或构件保持原有的平衡状态的能力。满足稳定性要求就是要求结构的构件在正常工作时不突然改变原有平衡状态，以免因变形过大而破坏。

项目五

Chapter **5**

轴向拉伸与压缩

概　述

轴向拉伸与压缩是杆件受力或变形的一种最基本的形式,本项目着重讲解拉伸与压缩变形的内力、应力、变形、强度、材料的力学性能等内容。用截面法求内力、正应力计算、线应变、强度条件、材料的主要性能指标是学习的重点;用截面法求内力,确定结构的许用载荷是难点。

任务一　轴向拉伸和压缩的轴力与轴力图

1 任务引入

工程中有很多杆件是承受轴向拉伸和压缩变形的,拉伸与压缩是四种基本变形中最简单的,也是最常见的。例如,图5-1所示起连接作用的螺栓是受拉伸的作用,图5-2所示的油缸活塞杆简图中,连杆就是受压缩的实例。

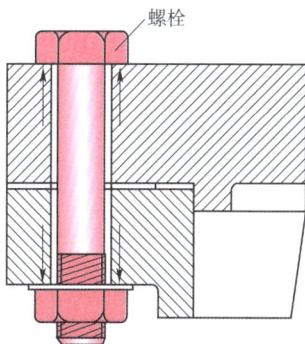

图5-1　紧固螺栓连接

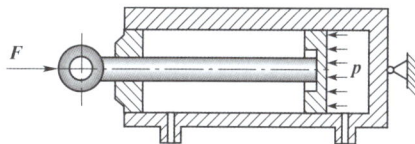

图5-2　油缸活塞杆

由此可见,杆件轴向拉伸与压缩的受力特点是:作用在杆件两端的两个力,大小相等,方向相反,作用线与杆的轴线相重合。在这种外力作用下,构件只能产生沿轴线方向的伸长或缩短,这种变形形式称为轴向拉伸与压缩。

轴向拉伸或压缩杆件的力学简图如图5-3所示。

想一想:如图5-4所示,哪些是承受轴向拉伸或压缩的构件?

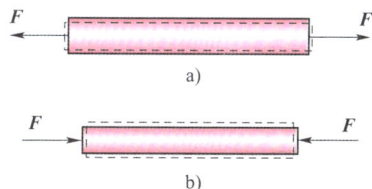

图5-3　轴向拉伸或压缩杆件的力学简图

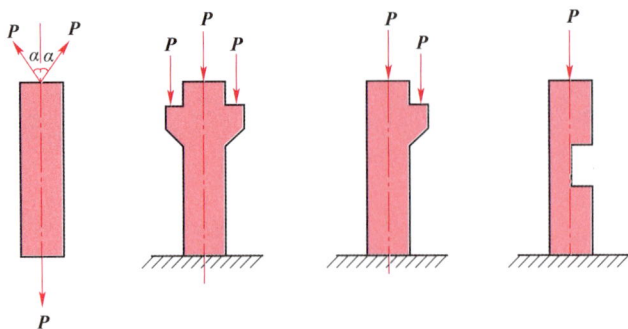

图 5-4　轴向拉伸与压缩判断

2 相关理论知识

2.1 轴向拉伸(压缩)时横断面上的内力——轴力

2.1.1 内力的概念

　　构件在外力作用下将产生变形,同时在杆内产生附加内力。构件是由无数质点所组成的,在其未受外力作用时,质点间就存在着互相作用的内力,以保持其原有的形状。当构件受外力作用而产生变形时,各质点间的相对位置发生了改变,同时,质点间的内力也随着发生改变,它力图保持质点间原有的距离和联系,以抵抗外力,使构件发生变形和破坏。这个由外力引起的内力的改变量,即引起的附加内力,就是材料力学所要研究的内力。

　　必须指出,内力是由外力引起的,它随着外力的改变而改变。但是,它的变化是有一定限度的,它不能随外力的增加而无限量地增加,当外力增加到一定程度,内力不再随外力增加而增加,这时构件就破坏了。由此可知,内力与构件的强度、刚度均有密切联系,所以内力是材料力学研究的重要内容。

2.1.2 内力的求法——截面法

　　求内力的方法是截面法。下面以轴向拉伸为例,说明截面法的步骤。

　　如图 5-5 所示的构件,在杆端沿杆的轴线作用着大小相等、方向相反的两个力 F,杆件处于平衡状态,求 m—m 断面上的内力。

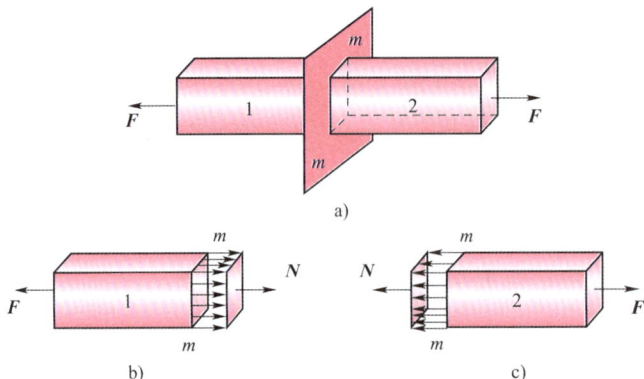

图 5-5　轴向拉伸的内力计算

（1）为显示内力，用一假想截面将构件在 m—m 断面处切开，将构件分为 1 段和 2 段。任意保留一段（如 1 段）为研究对象（图 5-5b），弃去另一段（如 2 段）。

（2）在保留 1 段的 m—m 截面上，各处作用着内力，设这些内力的合力为 N，它是弃去 2 段对保留部分 1 段的作用力。

（3）由于整个杆件原来处于平衡状态，所以截开后的任意一部分仍应保持平衡，故可对保留部分建立平衡方程。

$$\sum F_x = 0, N - F = 0$$

故

$$N = F$$

N 即是截面 m—m 上的内力，称为轴力，也可用 F_N 表示轴力。由作用和反作用公理可知，若保留 2 段研究，也可得出同样的结果（图 5-5c）。

上述利用假想截面将杆件切开，以显示并计算内力的方法，称为截面法。在其他基本变形中，内力也都用此方法求得。利用截面法分析轴向拉伸和压缩杆件的内力的一般步骤可归纳为四个字：

切——沿所求截面假想地将杆件切开；

取——取出其中任意一部分作为研究对象；

代——以内力代替弃去部分对选取部分的作用；

平——列平衡方程求解内力。

通常规定拉伸时轴力取正号（即轴力的箭头背离截面），压缩时轴力取负号（即轴力的箭头指向截面）。计算轴力时可设轴力为正，这样求出的轴力正负号与变形保持一致。拉压杆各横截面上的轴力在数值上等于该截面一侧（研究段）外力的代数和，即

$$N = \sum_{i=1}^{n} F_i \qquad (5\text{-}1)$$

式（5-1）称为内力方程，它反映了截面上的内力与该截面一侧外力间的关系。

例 5-1 如图 5-6 所示，杆件在 A、B、C 各截面处作用有外力大小分别为 $F_1 = 2.5\text{kN}$、$F_2 = 4\text{kN}$、$F_3 = 1.5\text{kN}$，求 1—1、2—2 横截面处的轴力。

分析：由截面法，沿各所求截面将杆件切开，取左段（或右段）为研究对象，在相应截面分别画出轴力 N_1、N_2，列平衡方程 $\sum F_x = 0$。

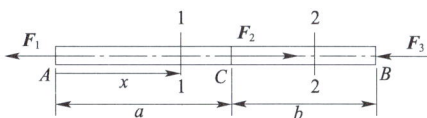

图 5-6 例 5-1 题图

解：（1）沿 1—1 截面将杆件切开，取左段为研究对象：

$$N_1 = F_1 = 2.5\text{kN}$$

（2）沿 2—2 截面将杆件切开，取右段为研究对象：

$$N_2 = -F_3 = -1.5\text{kN}$$

其中，N_2 为负值，说明与假设方向相反，即为压应力。

2.2 轴力图

当杆受多个外力作用时，杆件不同部分的横截面上的轴力是不同的。为了形象地表示轴力沿杆长方向的变化情况，可用轴力图表示。在轴力图上沿杆轴线方向的坐标轴表示横截面的位置，垂直于轴线的坐标轴表示相应横截面的轴力。正轴力画在 x 轴的上方，负轴力画在其下方，并要求注明轴力的值，这样不同位置上的轴力变化情况就可形象地用图形示出。

3 任务实施

例 5-2 直杆 AC 受力如图 5-7a)所示,已知 $F_1 = 20\text{kN}$、$F_2 = 50\text{kN}$、$d_1 = 200\text{mm}$、$d_2 = 30\text{mm}$,试画出其轴力图。

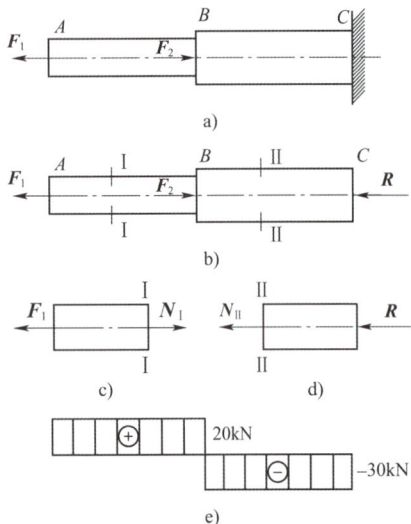

图 5-7 轴向拉压时的轴力图

解:(1)求约束反力,取整个杆件为研究对象,画受力图(图 5-7b)。

由

$$\sum F_x = 0, F_2 - F_1 - R = 0$$

得

$$R = F_2 - F_1 = 50 - 20 = 30\text{kN}$$

(2)用截面法分段求轴力。

AB 段:将杆沿 Ⅰ—Ⅰ 处截开取左段进行研究,假定轴力 N_1 为拉力(图 5-7c)。

由

$$\sum F_x = 0, N_1 - F_1 = 0$$

得

$$N_1 = F_1 = 20\text{kN}$$

BC 段:将杆沿 Ⅱ—Ⅱ 处截开取右段进行研究,仍假定轴力 N_2 为拉力[图 5-7d)]。

由

$$\sum F_x = 0, -R - N_2 = 0$$

得

$$N_2 = -R = -30\text{kN}$$

结果为负,说明轴力为压力。

(3)画轴力图,根据轴力 N_1 和 N_2 的方程,可画出轴力图(图 5-7e)。由图可见,AB 段和 BC 段截面上的轴力不同,但在同一段内各横截面的轴力不变,且全杆中绝对值最大的轴力产生在 BC 段,其值为:

$$|N|_{\max} = 30\text{kN}$$

想一想:若不求固定端的约束反力 R,轴力图是否也可画出?

练一练:用截面法求出图 5-8 中 AD 杆的轴力并画出轴力图。已知 $P_1 = 10\text{kN}$;$P_2 = 20\text{kN}$;$P_3 = 35\text{kN}$;$P_4 = 25\text{kN}$。

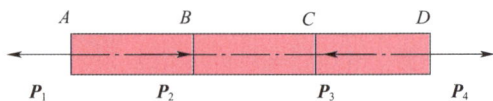

图 5-8 等截面直杆受力图

任务二 轴向拉伸与压缩的应力

1 任务引入

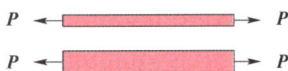

图 5-9 杆件受轴向拉力

如图 5-9 所示,用同一材料制成粗细不同的两根拉杆,在相同的拉力下,哪根杆先被拉断?为什么?

❷ 相关理论知识

2.1 应力的概念

杆件的强度与横截面的内力密集度有关,内力密集度又称为应力,其单位为帕(Pa)或兆帕(MPa)。$p = \lim\limits_{\Delta A \to 0} \dfrac{\Delta P}{\Delta A} = \dfrac{\mathrm{d}P}{\mathrm{d}A}$ 称为 C 点处的应力,即为 C 点处内力的分布集度。通常将 p 分解为正应力 σ 和切应力 τ,如图 5-10 所示。

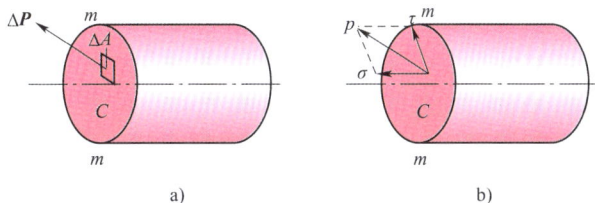

图 5-10　横截面上的应力

2.2 轴向拉伸或压缩时横截面上的正应力

垂直于横截面与轴力方向一致的应力称为正应力,用符号 σ 表示,为了求出横截面上任一点的正应力,必须弄清轴力在横截面上的分布规律。由于内力分布与杆件的变形有关,因此首先要观察杆件的变形。

设一等截面直杆在轴向拉伸时,由实线位置变成虚线位置(图 5-11a),受力前所画的与轴线垂直的横实线 ab、cd 在受力后变成虚线 $a'b'$、$c'd'$,它们相对于 ab、cd 只是位置发生变化而形状和方位均未改变。

分析上述变形,可作出如下假设:变形前为平面的横截面变形后仍为平面。这一假设称为平面假设。设想杆件是由无数纵向纤维所组成,根据平面假设可知:每条纤维在杆件受拉伸时,其伸长量是相等的。由实验得知,变形与受力之间存在着一定的关系,由

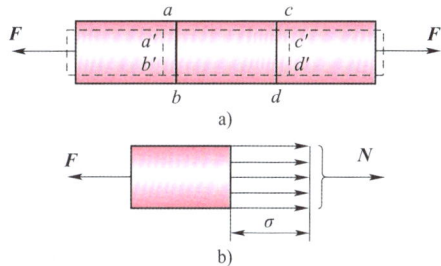

图 5-11　轴向拉伸或压缩时横截面上的正应力

于各纤维伸长量相等,故每条纤维的内力是相等的,也就是说内力在横截面上是均匀分布的(图 5-11b)。因此,横截面上的正应力为:

$$\sigma = \frac{N}{A} \tag{5-2}$$

式中:N——横截面上的内力(轴力);

A——横截面的面积。

正应力的正负号与轴力的正负号一致,即拉应力为正,压应力为负。

2.3 轴向拉伸或压缩时斜截面上的正应力

用一个与横截面呈 α 角的斜截面 m—m 假想地将杆截分为两段,只研究左段的平衡,用截面法可得:

$$F_{N\alpha} = F_N$$

由图 5-12 可知，斜截面上各点的应力为：$p_\alpha = \dfrac{F_{N\alpha}}{A_\alpha} = \dfrac{F_N}{A}\cos\alpha = \sigma\cos\alpha$。

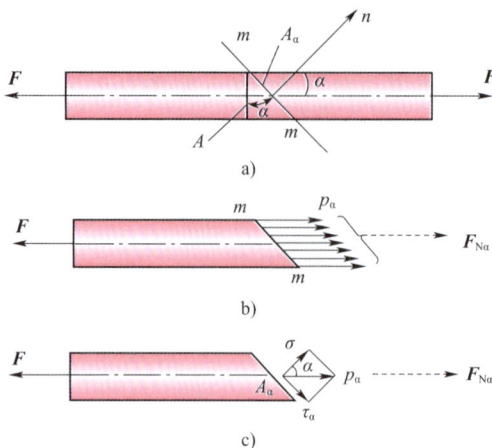

图 5-12　轴向拉伸或压缩时斜截面上的应力

将其分解为垂直到斜截面的正应力 σ_α 和与斜截面相切的切应力 τ_α，则有：

$$\sigma_\alpha = p_\alpha\cos\alpha = \sigma\cos^2\alpha$$

$$\tau_\alpha = p_\alpha\sin\alpha = \sigma\cos\alpha\sin\alpha = \frac{\sigma}{2}\sin2\alpha$$

下面分析几个特殊角度斜截面上 σ_α、τ_α 的情况：

（1）当 $\alpha = 0$ 时。

$$\sigma_0 = \sigma\cos^2 0 = \sigma = \sigma_{max}$$

$$\tau_0 = \frac{\sigma}{2}\sin(2\times 0) = 0$$

说明，轴向拉伸时，横截面上的正应力具有最大值，切应力为零。

（2）当 $\alpha = 45°$ 时。

$$\sigma_{45°} = \sigma\cos^2 45° = \frac{\sigma}{2}$$

$$\tau_{45°} = \frac{\sigma}{2}\sin(2\times 45°) = \frac{\sigma}{2} = \tau_{max}$$

上式说明，在 45°的截面上切应力最大，且此时正应力与切应力相等，等于横截面上正应力的一半。

（3）当 $\alpha = 90°$ 时。

$$\sigma_{90°} = \sigma\cos^2 90° = 0$$

$$\tau_{90°} = \frac{\sigma}{2}\sin(2\times 90°) = 0$$

上式说明，杆件轴向拉伸和压缩时，平行于轴线的纵向截面上无应力。

❸ 任务实施

例 5-3　图 5-13a)所示为一构架吊重结构示意图，AB 和 BC 杆的横截面面积分别为 $A_1 = 1000\text{mm}^2$、$A_2 = 500\text{mm}^2$。试求各杆件的应力。

解:(1)求杆件的外力。取 B 点为研究对象画受力图(图5-13b),由平面汇交力系的平衡条件

$$\sum F_x = 0, \; -T_{AB}\cos30° - T_{BC}\cos45° = 0 \quad (a)$$

$$\sum F_y = 0, \; T_{AB}\sin30° - T_{BC}\sin45° - G = 0 \quad (b)$$

联立解(a)、(b)可得

$$T_{AB} = \frac{G}{\cos30° + \sin30°} = \frac{80000}{\cos30° + \sin30°} = 58.6\text{kN}$$

$$T_{BC} = \frac{-T_{AB}\cos30°}{\cos45°} = \frac{-58600\cos30°}{\cos45°} = -71.8\text{kN}$$

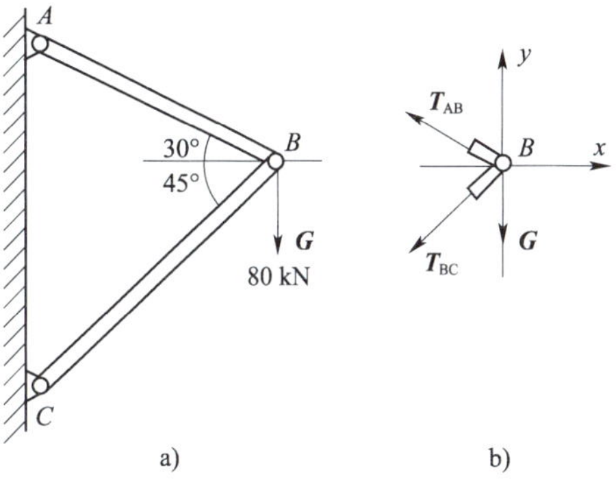

图5-13 构架吊重结构示意图

(2)求各杆件的内力。

用截面法可求得,$N_{AB} = 58.6\text{kN}$,$N_{BC} = -71.8\text{kN}$。

(3)求各杆件的正应力。

$$\sigma_{AB} = N_{AB}/A_1 = 58600 \div 1000 = 58.6\text{MPa}$$

$$\sigma_{BC} = N_{BC}/A_2 = -71800 \div 500 = -143.6\text{MPa}$$

即 AB 和 BC 杆的横截面分别产生58.6MPa的拉应力和143.6MPa的压应力。

练一练:变截面圆轴的外力情况如图5-14所示,画出杆件的轴力图,并求1—1、2—2、3—3截面上的应力。

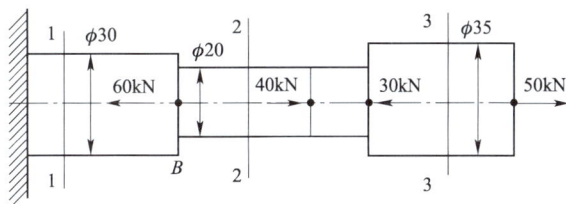

图5-14 变截面圆轴

任务三 轴向拉伸和压缩时的变形——胡克定律

1 任务引入

杆件受轴向拉伸(压缩)时,其变形特点是沿杆件纵向伸长(缩短),同时沿横向缩小(扩大),如图5-15所示。

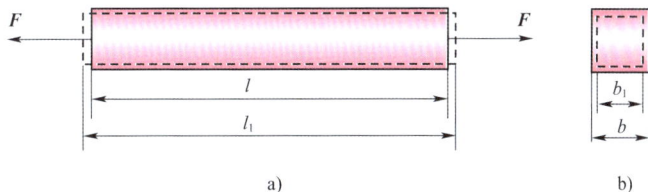

图5-15 轴向拉伸变形示意图

2 相关理论知识

2.1 纵向变形及胡克定律

杆件在拉伸或压缩时长度发生改变,其改变量称为绝对变形,用 ΔL 表示。设杆件变形前的长度为 L,变形后的长度为 L_1,则其绝对变形:

$$\Delta L = L_1 - L$$

显然,拉伸时绝对变形为正,压缩时绝对变形为负。

绝对变形与杆件的长度有关,为去掉杆件原长对变形的影响,常用单位长度的变形量来表示杆件的变形程度,称之为纵向线应变(或线应变),用 ε 表示:

$$\varepsilon = \Delta L / L \tag{5-3}$$

式中:ε——无量纲的量,其正负号取决于绝对变形。

实验证明:在弹性范围内,变形与轴力及杆件的长度成正比,与杆件的横截面积成反比。这一关系称为胡克定律。可用下式表达:

$$\Delta L = \frac{NL}{EA} \tag{5-4}$$

式中的比例常数 E 称为材料的拉压弹性模量,它表征材料对拉伸或压缩变形的抵抗能力,其数值可用试验方法测得,其常用单位为 GPa($1\text{GPa} = 1 \times 10^9 \text{Pa}$)。几种常用材料的 E 值见表5-1。

几种常见材料的 E 和 μ 值   表5-1

材 料 名 称	E(GPa)	μ
合金钢	186 ~ 216	0.24 ~ 0.33
低碳钢	196 ~ 216	0.25 ~ 0.33
灰铸铁	78.5 ~ 157	0.23 ~ 0.27
铜及其合金	72.5 ~ 128	0.31 ~ 0.42
铝及其合金	70.6	0.33
橡胶	0.078	0.47
木材(顺纹)	9.8 ~ 11.8	—

由式(5-4)可知,EA 的数值愈大,则杆件的纵向变形愈小,故 EA 称为杆件的抗拉(压)刚度。将式(5-2)、式(5-3)代入式(5-4)中,可得胡克定律的另一形式:

$$\sigma = E \cdot \varepsilon \tag{5-5}$$

所以,胡克定律也可简述为:在弹性范围内,正应力与线应变成正比。

2.2 横向变形及泊松比

杆件在受拉伸或压缩时,不但沿杆件纵向发生变形,同时沿杆件横向也发生变形。由图5-15可知其横向绝对变形为:

$$\Delta b = b_1 - b$$

式中:b、b_1——杆件变形前后的横向尺寸。横向线应变为:

$$\varepsilon' = \Delta b / b \tag{5-6}$$

实验指出,在弹性范围内,杆件的横向线应变与纵向线应变成正比,又由于 ε 与 ε' 的符号相异,故有:

$$\varepsilon' = -\mu \varepsilon \tag{5-7}$$

式中:μ——比例常数,称为泊松比或横向变形系数。

μ 为无量纲的量,其值也可由试验测得,常用材料的 μ 值列于表 5-1 中。

3 任务实施

例 5-4　在一根由两种材料组成的变截面杆(图 5-16a)上,已知载荷 $F_1 = 6\text{kN}$,$F_2 = F_3 = 4\text{kN}$,杆的各段长度 $l_1 = 1\text{m}$,$l_2 = l_3 = 0.5\text{m}$,横截面面积 $A_1 = 100\text{mm}^2$,$A_2 = 50\text{mm}^2$,$A_3 = 35\text{mm}^2$,第 Ⅰ 段和第 Ⅱ 段为钢杆,$E_s = 200\text{GPa}$,第 Ⅲ 段为铜杆,$E_c = 95\text{GPa}$。试求:(1) AB 杆的总变形;(2)各段的纵向线应变。

a)

解:(1)求 AB 杆的总变形。用截面法分别沿 1—1、2—2、3—3 处截开,且均取右段研究(图 5-16b、c、d),在列出平衡方程后,即可求得:

b)

$$N_1 = F_1 + F_2 - F_3 = 6\text{kN}$$

$$N_2 = F_2 - F_3 = 0$$

$$N_3 = -F_3 = -4\text{kN}$$

c)

画出轴力图(图 5-16e)。分段计算纵向绝对变形:

AC 段:

d)

$$\Delta l_1 = \frac{N_1 l_1}{E_s A_1} = \frac{6 \times 10^3 \times 1 \times 10^3}{200 \times 10^3 \times 100} = 0.3(\text{mm})$$

CD 段:

$$\Delta l_2 = \frac{N_2 l_2}{E_s A_2} = 0$$

e)

图 5-16　轴向拉压变形计算

DB 段:

$$\Delta l_3 = \frac{N_3 l_3}{E_c A_3} = \frac{-4 \times 10^3 \times 0.5 \times 10^3}{95 \times 10^3 \times 35} = -0.6(\text{mm})$$

故 AB 杆总的纵向变形为:

$$\Delta l = \Delta l_1 + \Delta l_2 + \Delta l_3 = 0.3 - 0.6 = -0.3(\text{mm})$$

(2)计算各段的纵向线应变。

AC 段:

$$\varepsilon_1 = \frac{\Delta l_1}{l_1} = \frac{0.3}{1000} = 0.3 \times 10^{-3}$$

CD 段:

$$\varepsilon_2 = 0$$

DB 段:

$$\varepsilon_3 = \frac{\Delta l_3}{l_3} = \frac{-0.6}{500} = -1.2 \times 10^{-3}$$

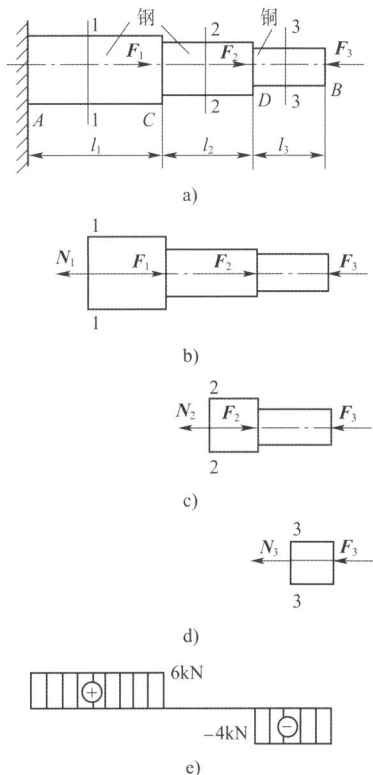

想一想:两根相同材料制成的拉杆如图 5-17 所示。试说明它们的绝对变形是否相同? 如不相同,哪根变形大? 另外,不等截面直杆的各段应变是否相同? 为什么?

练一练：如图 5-18 所示阶梯形钢杆。所受载荷 $F_1 = 30kN$，$F_2 = 10kN$。AC 段的横截面面积 $A_{AC} = 500mm^2$，CD 段的横截面面积 $A_{CD} = 200mm^2$，弹性模量 $E = 200GPa$。试求：（1）各段杆横截面上的内力和应力；（2）杆件的总变形。

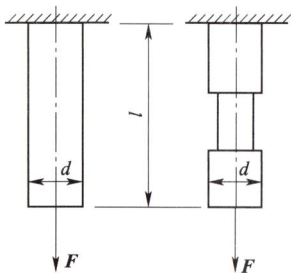

图 5-17　拉杆

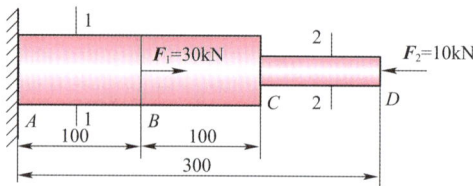

图 5-18　阶梯形钢杆

任务四　材料拉伸和压缩时的力学性质

1 任务引入

前面所讨论的拉（压）杆的计算中，曾涉及材料在轴向拉（压）时的一些有关数据，如弹性模量和比例极限等。材料在受力过程中各种物理性质的数据称为材料的力学性能。它们都是通过材料试验来测定的。实验证明，材料的力学性能不仅与材料自身的性质有关，还与载荷的类别（静载荷、动载荷），温度条件（高温、常温、低温）等因素有关。本节只讨论材料在常温、静载下的力学性能。

工程中使用的材料种类很多，可根据试件在拉断时塑性变形的大小，区分为塑性材料和脆性材料。塑性材料在拉断时具有较大的塑性变形，如低碳钢、合金钢、铅、铝等；脆性材料在拉断时，塑性变形很小，如铸铁、砖、混凝土等。这两类材料其力学性能有明显的不同。实验研究中，常把工程上用途较广泛的低碳钢和铸铁作为两类材料的代表性试验。

2 相关理论知识

2.1 材料在拉伸时的机械性质

2.1.1 低碳钢拉伸时的力学性质

常温静载拉伸试验是测定材料力学性能的基本试验之一，在国家标准《金属材料　拉伸试验　第 1 部分：室温试验方法》（GB/T 228.1—2010）中对其方法和要求有详细规定。低碳钢（如 Q235）试件如图 5-19 所示，截面多为圆形，一般取标距 $L = 10d$。

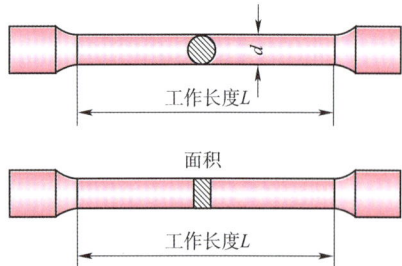

图 5-19　标准试件

试验时，将试件两端装夹在万能试验机上，缓慢加载，使试件逐渐伸长，直至拉断。在加载过程中，试验机上的自动绘图仪将每一瞬时载荷与对应的绝对变形之间的函数关系以曲线图示出，称为拉伸图（或 F—ΔL 图），如图 5-20 所示。图中，纵坐标为载荷 F，横坐

标为绝对伸长 ΔL，它描绘了试件从开始加载直至断裂为止的力和变形的关系。

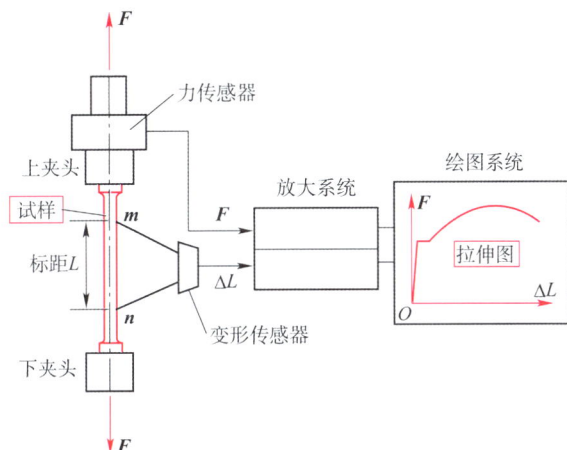

图 5-20　低碳钢拉伸实验

试验所得的拉伸图与试件的几何尺寸有关，为了消除尺寸的影响，将拉伸图的纵坐标除以试件的横断面面积 A，横坐标除以标距 L，则得应力与应变关系曲线（或 σ—ε 曲线），其形状与 F—ΔL 曲线相似，如图 5-21 所示。

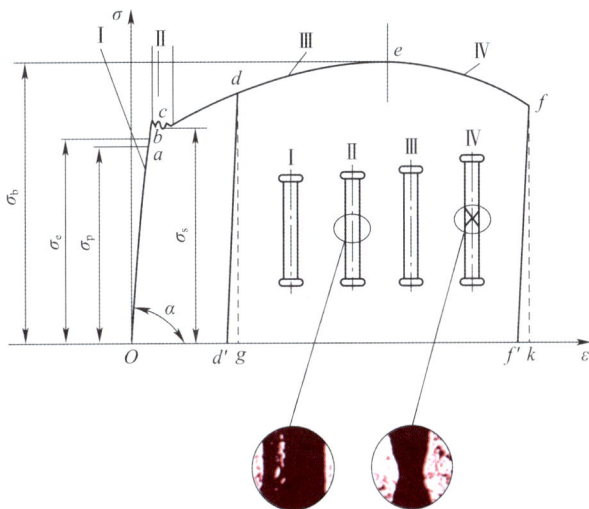

图 5-21　低碳钢拉伸时的 σ—ε 曲线

由低碳钢的 σ—ε 曲线可见，整个拉伸过程大致可分为四个阶段：

（1）弹性阶段。图中 Ob 段表示弹性阶段。与 b 点对应的应力 σ_e 称为材料的弹性极限，它是材料不出现塑性变形的最大应力值。在弹性阶段中，Oa 直线部分满足胡克定律，即应力与应变成正比。与 a 点对应的应力 σ_p 称为材料的比例极限。由于 σ_p 和 σ_e 二者数值上很接近，尽管它们代表的意义不同，工程上仍不加区别地相互通用。在 Oa 部分，直线的斜率：

$$\tan\alpha = \sigma/\varepsilon = E \tag{5-8}$$

由此式可测定材料的弹性模量 E。

（2）屈服阶段。图中出现接近水平的小锯齿形上下波动的阶段。当应力超过弹性极限后，曲线的坡度变缓，材料抵抗变形的能力逐渐减弱，在 c 点附近，试件所受的应力几乎不增加，而应变却迅速增加，这说明材料暂时失去抵抗变形的能力。这种现象称为材料的屈服。此波动范围的最低应力 σ_s 称为屈服极限。低碳钢的 $\sigma_s = 220 \sim 240\mathrm{MPa}$。

在屈服现象发生时，光滑的试件表面会出现与杆件轴线呈45°的滑移线（图5-22），这时如果卸载，则会在试件上残留较大的永久变形，以致构件不能正常工作。所以塑性变形较大的材料用屈服极限 σ_s 作为衡量强度的重要指标。

（3）强化阶段。经过屈服阶段后，材料又恢复了抵抗变形的能力，cd 段曲线缓慢地上升，即必须继续增加拉力才能使试件继续变形，这种现象称为强化。曲线最高点 d 所对应的应力 σ_b 称为强度极限，它由最大载荷所引起，是衡量材料强度的另一个重要指标。

（4）缩颈阶段。即 df 曲线部分。在强度极限前试件的变形是均匀，在强度极限后，变形集中在试件某一局部，纵向变形显著增加，横断面积显著减小，形成缩颈，如图5-23所示。由于局部横断面积显著缩小，试件最终被拉断。

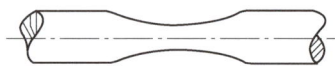

试件拉断后，弹性变形消失，但塑性变形保留下来。工程中常用试件拉断后残留的塑性变形来表示材料的塑性。常用的塑性指标有两个：延伸率 δ 和断面收缩率 ψ。

$$\delta = \frac{L_1 - L}{L} \times 100\% \tag{5-9}$$

$$\psi = \frac{A - A_1}{A} \times 100\% \tag{5-10}$$

式中：L——试件原标距；

L_1——拉断后的标距；

A——试件横断面的原始面积；

A_1——拉断后缩颈处的最小横断面面积。

δ 和 ψ 愈大，说明材料的塑性愈好。工程上通常将 $\delta \geqslant 5\%$ 的材料称为塑性材料，如低碳钢、铜、铝等；将 $\delta < 5\%$ 的材料称为脆性材料，如铸铁、木材等。低碳钢的 $\delta = 20\% \sim 30\%$，$\psi = 60\% \sim 70\%$。

应该说明，材料的塑性和脆性不是固定的，它随温度、变形速度、应力状态等因素的变化而变化。这里所列举的两类材料是在常温、静载和简单载荷作用的前提下划分的。

2.1.2　其他几种塑性材料拉伸时的力学性质

图5-24所示是其他几种材料的 $\sigma—\varepsilon$ 曲线。其中有些材料（如16Mn钢）和低碳钢（如Q235）的图形相似，其 $\sigma—\varepsilon$ 曲线也有明显的弹性阶段、屈服阶段、强化阶段和颈缩阶段；有些材料（如黄铜、铝合金）没有屈服阶段，而其他三个阶段却很明显；还有些材料（如T10A）则只有弹性阶段和强化阶段。对于没有明显屈服阶段的塑性材料，通常采用产生0.2%塑性应变所对应的应力 $\sigma_{0.2}$ 作为该种材料的屈服极限，如图5-25所示。

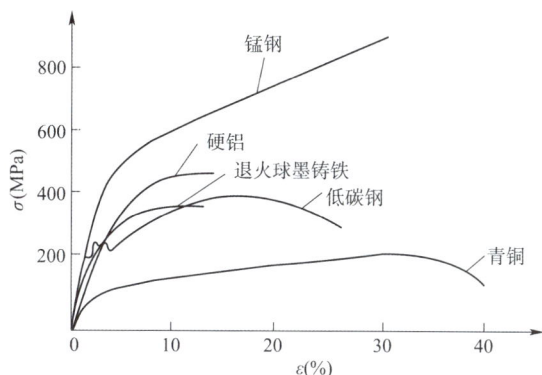

图 5-24　其他塑性材料拉伸应力应变图

2.1.3　铸铁拉伸时的力学性质

在拉伸过程中,脆性材料(如铸铁、玻璃等)的变形不甚显著,也不出现屈服和缩颈现象,只有断裂时的强度极限 σ_b。图 5-26 为铸铁拉伸时的 σ—ε 图,由图可见,其全部图线都是曲线,其应力与应变一开始就不存在正比关系,实用中常取一条割线(图中虚线)近似代替该部分的曲线以确定材料的弹性模量 E,即认为应力和应变近似地符合胡克定律。

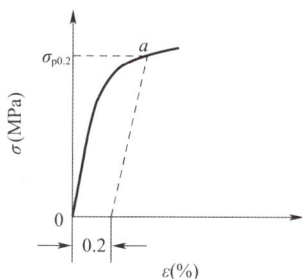

图 5-25　名义屈服极限

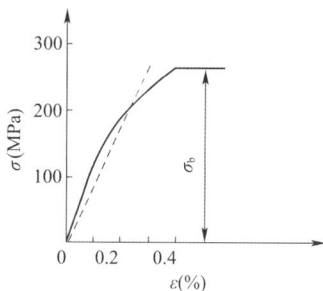

图 5-26　铸铁拉伸试验应力应变图

铸铁的延伸率 δ 通常只有 $0.5\% \sim 0.6\%$,是典型的脆性材料。强度极限 σ_b 是脆性材料唯一的强度指标。

2.2　材料压缩时的力学性质

供压缩试验用的试件通常制成圆柱形,为避免压弯,其高度为直径的 $1.5 \sim 3$ 倍。试验仍在万能试验机上进行,其过程与拉伸试验相似。图 5-27 所示为塑性材料(低碳铁)压缩时的 σ—ε 曲线,虚线代表拉伸时的 σ—ε 曲线。比较这两条曲线可以看出:在弹性阶段和屈服阶段两曲线是重合的。这表明,低碳钢在压缩时的比例极限 σ_p、弹性极限 σ_e、屈服极限 σ_s 和弹性模量 E 等,都与拉伸时基本相同。进入强化阶段后,两曲线逐渐分离,压缩曲线上升。当应力超过屈服点后,试件被愈压愈扁,横截面面积不断增大,因此,一般无法测出低碳钢材料的抗压强度极限。对塑性材料一般不做压缩试验。

对于其他脆性材料(图 5-28),如硅石、水泥等,其抗压能力也显著地高于抗拉能力。一般脆性材料价格较便宜,因此工程上常用脆性材料做承压构件。几种常用材料的机械性能见表 5-2。

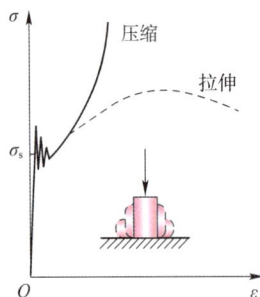

图 5-27　低碳钢压缩试验应力应变图

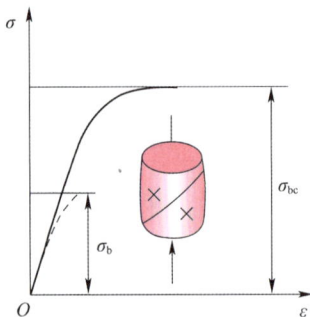

图 5-28　脆性材料压缩试验应力应变图

几种材料的机械性能　　　　　　表 5-2

材料名称或牌号	屈服点应力 σ_s(MPa)	抗拉强度 σ_b(MPa)	伸长率 δ(%)	断面收缩率 ψ(%)
Q235A 钢	216～235	373～461	25～27	—
35 钢	216～314	432～530	15～20	28～45
45 钢	265～353	530～598	13～16	30～40
40G	343～785	588～981	8～9	30～45
QT600-2	412	538	2	—
HT150	—	拉 98～275 压 637 弯 206～461	—	—

任务五　构件在拉伸(压缩)时的强度计算

1 任务引入

通过对材料机械性质的研究可知,对于塑性材料来说,构件在工作中产生的工作应力达到屈服极限时,它就会产生很大的塑性变形而影响其正常工作;对于脆性材料来说,工作应力达到强度极限时,构件就破坏了。这两种情况都是不允许的。在设计构件时,有许多情况难以准确的估计。另外,还要考虑给构件以必要的强度储备。

2 相关理论知识

2.1 许用应力及安全系数

在设计构件时,要求构件的工作应力不能达到极限应力 (σ_s 或 σ_b)。构件在工作时所允许产生的最大应力称为许用应力,用 $[\sigma]$ 表示。显然,许用应力必须低于极限应力,极限应力与许用应力的比值称为安全系数。

对于塑性材料,σ_s 是极限应力,因此许用应力为:

$$[\sigma] = \frac{\sigma_s}{n_s} \qquad (5-11)$$

对于脆性材料,σ_b 是极限应力,因此许用应力为:

$$[\sigma] = \frac{\sigma_b}{n_b} \qquad (5\text{-}12)$$

式中: n_s、n_b——对应塑性材料和脆性材料的安全系数。

安全系数的确定是一个比较复杂的问题,通常要考虑载荷估计的准确程度、应力计算方法的准确程度、材料的均匀程度以及构件的重要性等因素。各种不同工作条件下构件安全系数的选取,可从有关工程手册中查出。对于塑性材料,一般取 $n_s = 1.4 \sim 1.8$;对于脆性材料,一般取 $n_b = 2.0 \sim 3.5$。

工程中常用材料在常温、静载下的许用应力可参考表5-3。

常见材料的 $[\sigma]$ 值　　　　　　　　　　　　　　　表5-3

材　　料	许用应力 $[\sigma]$	
	拉伸	压缩
灰铸铁	32 ~ 80	120 ~ 150
木材(顺纹)	7 ~ 12	10 ~ 12
混凝土	0.1 ~ 0.7	1 ~ 9
Q235 钢	160	
16Mn	240	
45 钢	190	
铜及其合金	30 ~ 120	
铝及其合金	80 ~ 150	

2.2　构件在拉伸(压缩)时的强度计算

由以上分析可知,为了保证构件正常地工作,拉(压)杆的实际工作应力不应超过材料的许用应力,即:

$$\sigma = \frac{N}{A} \leqslant [\sigma] \qquad (5\text{-}13)$$

上式称为拉(压)杆的强度条件。应用这个强度条件,可以解决下列三类强度计算问题:

(1)强度校核。对于给定的构件,根据载荷可以求出内力,然后计算其工作应力,并与材料的许用应力相比较,检查是否满足式(5-13)。

(2)设计截面。根据载荷计算出内力,结合工程实际需要,选择材料及截面形状,用式(5-14)确定截面面积。

$$A \geqslant \frac{N}{[\sigma]} \qquad (5\text{-}14)$$

(3)确定许可载荷。根据给定的构件的截面面积和材料的许用应力,可按式(5-15)求出构件的许可内力。然后根据许可内力确定许可载荷。

$$N \leqslant [\sigma] \cdot A \qquad (5\text{-}15)$$

必须指出,利用上述强度条件计算受压直杆时,仅限于较短粗的直杆。对于细长的受压杆件,其主要矛盾是稳定性问题,将在以后讨论。

3 任务实施

例 5-5　如图 5-29 所示为铸造车间吊运铁水包的双套吊钩。吊钩杆部横截面为矩形,$b = $

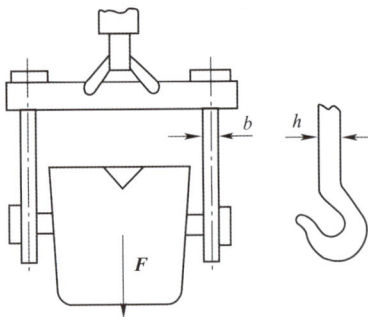

图 5-29　双套吊钩的铁水包

25mm, $h = 50$mm, 杆部材料的许用应力 $[\sigma] = 50$MPa, 铁水包自重 8kN, 最能容纳重 30kN 的铁水。试校核吊杆的强度。

解：因为总载荷由两根吊杆来承担,因此每根吊杆的轴力应为：

$$N = \frac{F}{2} = \frac{1}{2}(30 + 8) = 19\text{kN}$$

吊杆横截面上的应力为：

$$\sigma = \frac{N}{A} = \frac{19 \times 10^3}{25 \times 50} = 15.2\text{MPa}$$

由于

$$\sigma < [\sigma]$$

故吊杆的强度足够。

例 5-6　一简易吊架如图 5-30a) 所示。已知在铰接点 B 吊起重物的最大重量 $Q = 20$kN, $AB = 2$m, $BC = 1$m, 杆 AB 和 BC 均用圆钢制作,材料许用应力 $[\sigma] = 58$MPa。试确定两杆所需直径。

解：(1) 先计算两杆内力大小。用截面法将两杆切开,因为两杆都是二力杆件,故内力均为轴力。设 AB 杆轴力为 N_1, BC 杆轴力为 N_2, 画受力图 (图 5-30b)。

由静力学平衡方程得：

$$\sum F_y = 0, N_1 \sin 60° - Q = 0$$

$$\sum F_x = 0, -N_1 \cos 60° - N_2 = 0$$

解得：

$$N_1 = \frac{Q}{\sin 60°} = \frac{20}{0.866} = 23.1(\text{kN})$$

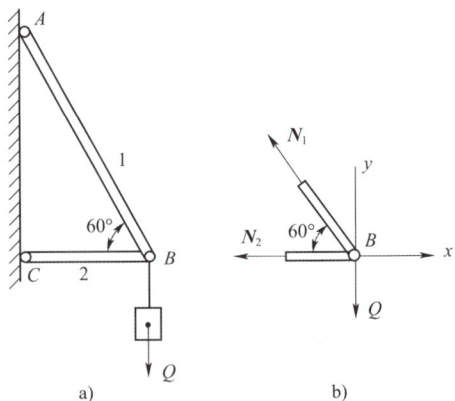

图 5-30　简易吊架受力图

$$N_2 = -N_1 \cos 60° = -23.1 \times \frac{1}{2} = -11.6(\text{kN})$$

由计算结果可知,杆 1 受拉力,杆 2 受压力。

(2) 确定杆的直径。根据式(5-14),两杆横截面面积应分别满足以下要求：

AB 杆：

$$A_1 = \frac{\pi d_1^2}{4} \geqslant \frac{N_1}{[\sigma]} = \frac{23.1 \times 10^3}{58} = 400(\text{mm}^2)$$

BC 杆：

$$A_2 = \frac{\pi d_2^2}{4} \geqslant \frac{N_2}{[\sigma]} = \frac{11.6 \times 10^3}{58} = 200(\text{mm}^2)$$

式中杆 2 的内力取的是绝对值。

由此求出 AB 杆直径为：

$$d_1 \geqslant \sqrt{\frac{400 \times 4}{3.14}} = 22.6(\text{mm})$$

BC 杆直径为：

$$d_2 \geqslant \sqrt{\frac{200 \times 4}{3.14}} = 16(\text{mm})$$

根据计算结果，可以统一取两杆直径为 23mm。

例 5-7　图 5-31 所示为简易悬臂式吊车，斜杆横截面面积 $A_1 = 9.6\text{cm}^2$，水平杆 AC 为两根 10 号槽钢，每根槽钢的截面面积 $A_2 = 12.74\text{cm}^2$，此二杆的许用应力 $[\sigma] = 120\text{MPa}$。若不计结构自重，试求电动葫芦在图示位置时，允许起吊的最大重量。

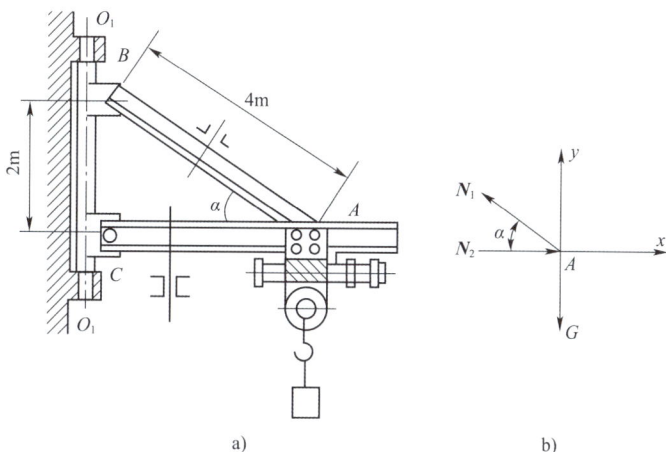

图 5-31　悬臂式吊车结构及受力图

解：(1)首先进行受力分析。取节点 A 为研究对象，画受力图[图 5-31b)]，由图可知 $a = 30°$，由静力学平衡方程得：

$$\sum F_x = 0, N_2 - N_1\cos 30° = 0 \qquad (\text{a})$$

$$\sum F_y = 0, N_1\sin 30° - G = 0 \qquad (\text{b})$$

联立式(a)、式(b)解得：

$$N_1 = \frac{G}{\sin 30°} = 2G \qquad (\text{c})$$

$$N_2 = N_1\cos 30° = 1.73G \qquad (\text{d})$$

(2)求许可起吊重量。由式(5-14)，斜杆 AB 允许承担的最大拉力为：

$$N_1 \leqslant [\sigma]A_1 = 120 \times 10^6 \times 9.6 \times 10^{-4} = 115(\text{kN})$$

横杆 AC 允许承担的最大压力为：

$$N_2 \leqslant 2[\sigma]A_2 = 2 \times 120 \times 10^6 \times 12.74 \times 10^{-4} = 305(\text{kN})$$

将 N_1、N_2 代入式(c)、式(d)分别得：

$$G_1 = \frac{115}{2} = 57.5(\text{kN})$$

$$G_2 = \frac{305}{1.73} = 176(\text{kN})$$

所以整个悬臂吊车允许起吊的最大重量不得超过 57.5kN。

复习与思考题

1.思考轴向拉伸和压缩的基本概念。什么是内力？什么是轴力？什么是应力？什么是应变？

2.如图 5-32 所示，杆件在 A、B、C、D 各截面处作用有外力，求 1—1、2—2、3—3 横截面处的轴力。

3.如图 5-33 所示等截面直杆，其受力情况如图所示，请作出该杆件的轴力图。

图 5-32　题 2 图

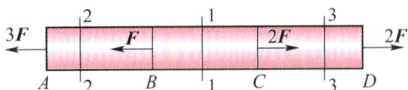

图 5-33　题 3 图

4.如图 5-34 所示钢制阶梯杆，各段杆件的横截面面积分别为 $A_1 = 1600\text{mm}^2$、$A_2 = 625\text{mm}^2$、$A_3 = 900\text{mm}^2$，试画出轴力图，并求此杆件横截面上的最大正应力。

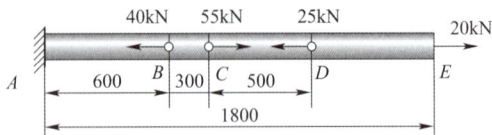

图 5-34　题 4 图

5.现有低碳钢和铸铁两种材料，在图 5-35 所示的结构中，若杆 2 选用低碳钢，杆 1 选用铸铁，你认为合理吗？为什么？

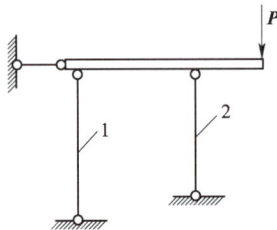

图 5-35　题 5 图

6.讨论下列概念有何区别与联系:(1)绝对变形和相对变形;(2)内力和应力;(3)弹性变形和塑性变形;(4)E 和 EA;(5)极限应力和许用应力;(6)材料拉伸图和应力应变图。

7.如图 5-36 所示，已知一圆杆受拉力 $F = 25\text{kN}$，直径 $d = 14\text{mm}$，许用应力 $[\sigma] = 170\text{MPa}$，试校核此杆是否满足强度要求。

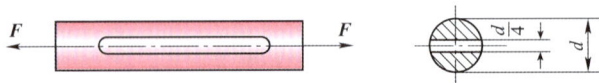

图 5-36　题 7 图

8.螺旋压板夹具如图 5-37 所示。已知螺栓为 M18，材料许用应力 $[\sigma] = 50\text{MPa}$，若工件在加工过程中所需的夹紧力 $Q = 2.5\text{kN}$，试校核该螺栓的强度(螺栓内 $d_1 = 15.3\text{mm}$)。

9. 如图 5-38 所示为 10t 起重机的吊钩,螺纹部分的外径 $d = 56$mm,内径 $d_1 \approx 50$mm,材料许用应力 $[\sigma] = 80$MPa。试核算在满载时螺纹部分的强度。

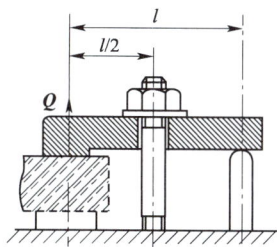

图 5-37　题 8 图

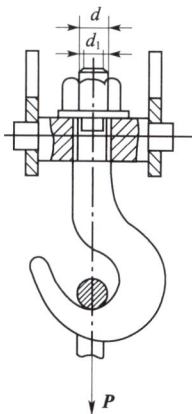

图 5-38　题 9 图

10. 在图 5-39 所示的简易吊车中,已知木杆 AB 横截面面积 $A_1 = 100$cm^2,许用应力 $[\sigma_1] = 7$MPa;钢杆 BC 的横截面面积 $A_2 = 6$cm^2,许用应力 $[\sigma_2] = 160$MPa,试求许可吊重。

11. 三角形架 ABO 由两杆 AO 及 BO 组成(图 5-40)。已知在节点 O 处受有载荷 $P = 350$kN,杆 AO 由两根槽钢构成,杆 BO 为一根工字钢,$\alpha = 30°$。若它们的许用拉应力和许用压应力均为 160MPa,试选择两杆的截面面积。

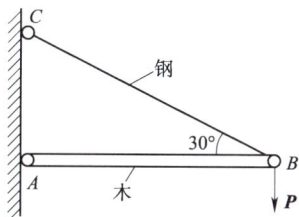

图 5-39　题 10 图

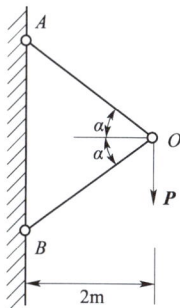

图 5-40　题 11 图

项目六

Chapter 6

连接件的剪切与挤压

概　述

在工程上，我们常见一些剪切与挤压变形，如剪床剪钢板、销钉连接均属剪切变形。起连接作用的构件常称为连接件。如图6-1所示，铆钉起连接作用并传递横向载荷。

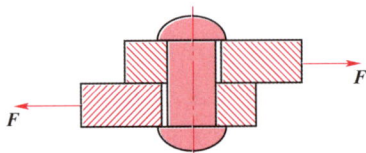

图6-1　铆钉链接

在工程实际中，有很多连接件承受剪切作用，如轴与毂连接中的键（图6-2a）、车辆挂钩装置中的螺栓（图6-3a）等连接件，在外力作用下（图6-2b、图6-3b），沿截面（m—m或n—n）发生剪切变形（相对错动），当外力过大时，沿剪切面将连接件剪断。

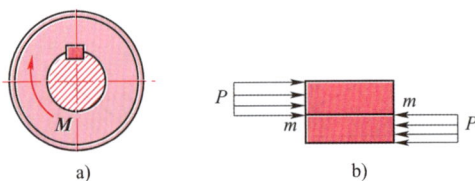

a)　　　　　　　　b)

图6-2　平键连接

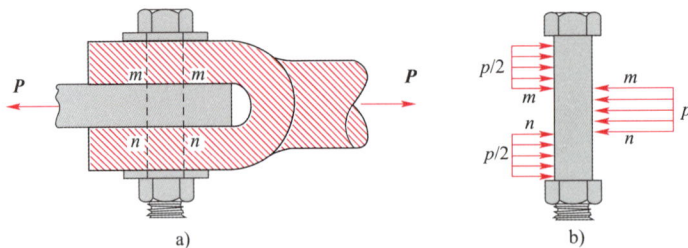

a)　　　　　　　　b)

图6-3　螺栓连接

由图可见，剪切变形的受力特点是：作用在构件两侧面上的外力大小相等，方向相反，作用线平行且相距很近（转动效果可以忽略）。在这种外力作用下，构件沿两外力作用线之间的截面（如m—m或n—n截面）发生相对错动，这种变形称为剪切变形。发生相对错动的截面称为剪切面（平行于外力作用线）。只有一个剪切面的剪切变形称为单剪切（图6-1、图6-2），有两个剪切面的剪切变形称为双剪切(图6-3)。

构件在产生剪切变形的同时,往往伴随挤压变形,即构件在传力接触处发生表层压陷现象。如在图6-2所示的键连接中,键左侧的上半部分与轮毂相互挤压,键右侧的下半部分与轴槽相互挤压。当挤压面上的挤压力过大时,较软构件的接触表面会发生显著的塑性变形,从而影响构件的正常工作。所以,在研究剪切强度的同时,还要关注挤压强度问题。

任务一　剪切和挤压实用计算方法

❶ 任务引入

在工程中,构件发生剪切变形的同时往往伴随着挤压变形问题,确保构件正常工作外为保证连接件表层不发生塑性变形,工程上常常对构件进行强度校核。

某齿轮与轴用平键连接,如图6-4所示。若轴径 $d = 50mm$,键的尺寸为 $l \times b \times h = 50mm \times 16mm \times 10mm$,轴传递的转矩 $M = 0.5kN \cdot m$,键的许用剪应力 $[\tau] = 60MPa$,许用挤压应力 $[\sigma_{jy}] = 100MPa$ 。试校核键的强度。

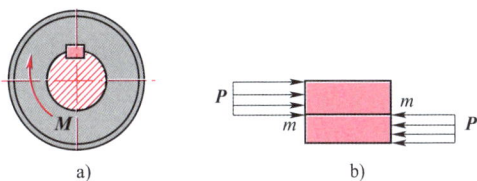

图6-4　平键连接

❷ 相关理论知识

2.1　剪切实用计算方法

下面以图6-4中平键连接为例,介绍剪切的实用计算方法。将平键取出作为研究对象,键在工作中的受力情况如图6-5a)所示。

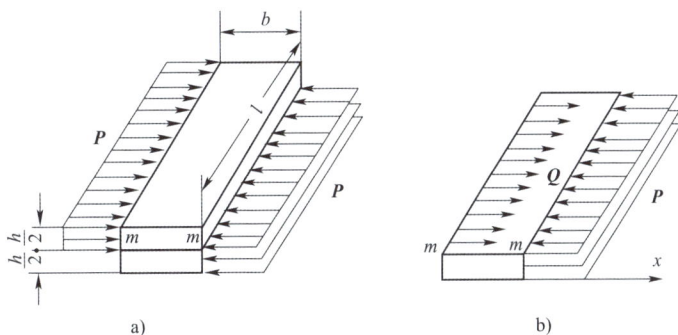

图6-5　平键受力图

首先用截面法求出剪切面上的内力。显然,平键在外力 P 作用下,将沿 m—m 截面发生错动,该截面位于两外力作用线之间,且平行于外力作用线,即为剪切面。假想将键沿 m—m 面截开,取下面(或上面)部分作为研究对象,用 Q 表示移去部分对所研究部分的作用力, Q 的方向是沿着剪切面的,这种内力称为剪力(图6-5b)。对所研究部分列出静力平衡方程:

$$\sum F_x = 0, Q - P = 0$$

解得：

$$Q = P$$

剪力 Q 是分布在剪切面上的,剪力在剪切面上分布的规律很复杂,工程上通常根据实验,采用建立在假设基础上的实用计算法,即假定剪力是均匀地分布在剪切面上。这样,就便于求出剪应力。即：

$$\tau = Q/A \tag{6-1}$$

式中:A——剪切面的面积,剪应力 τ 的单位为 Pa 或 MPa。

为保证构件能正常工作,剪切件的工作剪应力不得超过材料的许用剪应力,这就是剪强度条件。即：

$$\tau = Q/A \leqslant [\tau] \tag{6-2}$$

式中:$[\tau]$——许用剪应力,可由实验测出剪切强度极限 τ_b,并除以安全系数 n 得到：

$$[\tau] = \tau_b/n \tag{6-3}$$

工程中常用材料的许用剪应力可从有关手册中查出。

虽然剪应力是假定计算,但在剪切强度条件中,工作剪应力和剪切强度极限是在相似条件下用同样的公式计算的,且又给予了适当的安全储备,故剪切强度条件是可靠的。

2.2 挤压实用计算方法

挤压是伴随剪切发生的,挤压变形发生在构件接触面的表层。接触面称为挤压面(一般垂直于外力作用线)。作用在接触面上的压力称为挤压力,挤压面上挤压力的集度称为挤压应力。挤压应力的分布也十分复杂,与剪切相似,在工程中,近似认为挤压应力在挤压面上均匀分布。则：

$$\sigma_{jy} = P/A_{jy} \tag{6-4}$$

式中:σ_{jy}——挤压应力;

P——挤压力;

A_{jy}——挤压面的面积。

当两物体接触面是平面时,A_{jy} 取接触面的面积;当接触面为半圆柱曲面时,A_{jy} 取通过圆柱直径的平面面积(即半圆柱面的正投影面积)$d \cdot t$,即：

$$A_{jy} = d \cdot t$$

式中:d——直径;

t——板厚[图 6-6d)]。

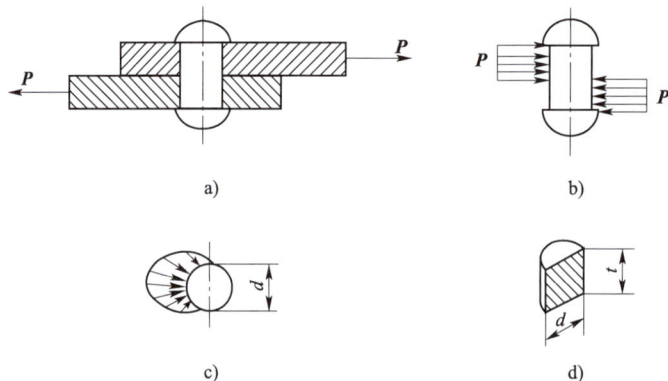

图 6-6 铆钉受力图

这样,计算的结果与最大挤压应力相近。

为保证连接件表层不发生塑性变形,工作挤压应力不得超过材料的许用挤压应力,即应满足下列挤压强度条件:

$$\sigma_{jy} \leqslant [\sigma_{jy}] \tag{6-5}$$

许用挤压应力 $[\sigma_{jy}]$ 是由实验和安全要求确定的,可从有关手册中查得。显然,若两个相互接触的构件所用材料不同,则应对 $[\sigma_{jy}]$ 数值较小的构件进行计算;若同一连接件上有大小不等的几个挤压面,而挤压力相同,则应取较小的挤压面进行计算。

3 任务实施

与拉伸或压缩时的强度条件一样,剪切(挤压)挤压强度条件同样可用于求解三类工程问题:校核剪切(挤压)强度、设计剪切(挤压)面积和计算剪切(挤压)许可外力。

例 6-1 某齿轮与轴用平键连接,如图 6-7 所示。若轴径 $d = 50$mm,键的尺寸为 $l \times b \times h = 50$mm $\times 16$mm $\times 10$mm,轴传递的转矩 $M = 0.5$kN·m,键的许用剪应力 $[\tau] = 60$MPa,许用挤压应力 $[\sigma_{jy}] = 100$MPa。试校核键的强度。

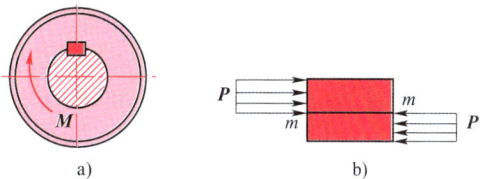

图 6-7 平键连接

解:(1)计算键所受的载荷:

$$P = \frac{M}{d/2} = \frac{2 \times 500}{50} = 20(\text{kN})$$

(2)校核键的剪切强度:

剪力

$$Q = P = 20\text{kN}$$

$$\tau = \frac{Q}{A} = \frac{20 \times 10^3}{16 \times 50} = 25(\text{MPa}) < [\tau]$$

键的剪切强度足够。

(3)校核键的挤压强度:

$$\sigma_{jy} = \frac{P}{A_{jy}} = \frac{P}{l \cdot \frac{h}{2}} = \frac{20 \times 10^3}{50 \times 5} = 80(\text{MPa}) < [\sigma_{jy}]$$

键的挤压强度也足够,所以键是安全的。

例 6-2 电机车挂钩的销钉连接如图 6-8a)所示。已知板厚 $t_1 = 8$mm,$t_2 = 20$mm,销钉许用剪应力 $[\tau] = 60$MPa,许用挤压力 $[\sigma_{jy}] = 200$MPa,牵引力 $P = 15$kN。试选择销钉直径。

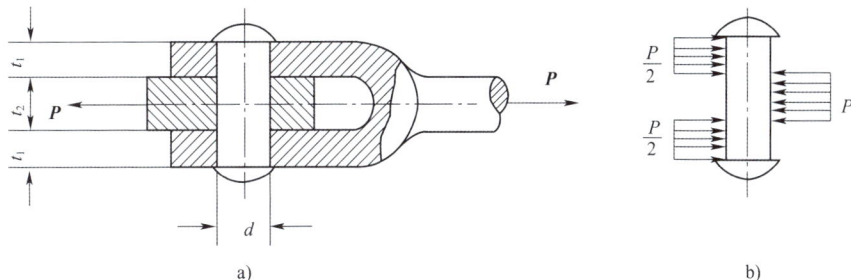

图 6-8 电机车挂钩

解：（1）取销钉为研究对象，画出的受力图如图6-8b）所示。

（2）由剪切强度设计直径：

$$\tau = \frac{P/2}{\pi d^2/4} \leqslant [\tau]$$

$$d \geqslant \sqrt{\frac{2P}{\pi[\tau]}} = 13\text{mm}$$

（3）校核销钉的挤压强度：

$$\sigma_{jy} = \frac{P/2}{d \cdot t_1} = \frac{7500}{13 \times 8} = 72\text{MPa} < [\sigma_{jy}]$$

能满足挤压强度要求。可选择销钉直径 $d \geqslant 13\text{mm}$。

对于剪切问题，工程上除进行剪切强度校核，确保构件正常工作外，还会遇到相反的问题，即剪切破坏。

实际应用：（1）车床传动轴保险销：当载荷超过极限时，保险销首先被剪断，保护车床重要部件。

（2）冲床冲剪工作。

例6-3 在厚度为 $t = 5\text{mm}$ 的钢板上，冲压直径 $d = 18\text{mm}$ 的圆孔，如图6-9a）所示。钢板的剪切强度极限 $\tau_b = 400\text{MPa}$，试求冲床必需具有的最小冲压力 P。

解：剪切面为圆孔侧面，其面积：

$$A = \pi \cdot d \cdot t$$

冲压时，剪应力不应小于材料的剪切强度极限，即：

$$\tau = \frac{Q}{A} \geqslant \tau_b$$

因此，冲床所需的冲压力：

$$P = Q \geqslant \tau_b \cdot A = \tau_b \cdot \pi \cdot d \cdot t = 400 \times 3.14 \times 18 \times 5 = 113 \times 10^3 = 113\text{kN}$$

故最小冲压力：

$$P = 113\text{kN}$$

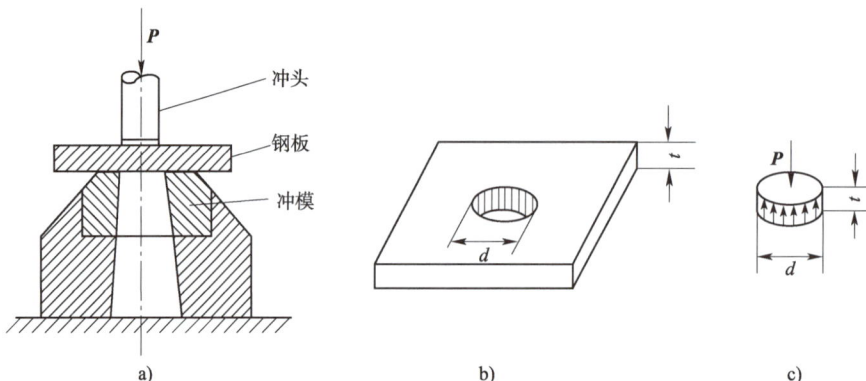

图6-9 冲压加工

理一理:通过以上例题,可以看出剪切(或挤压)变形的实质及其实用强度计算的一般方法与步骤:

(1)剪切变形的实质是连接件沿二力间的截面发生错动。解决剪切问题的关键是确定剪切面、剪切面积及其剪切面上的内力(剪力)Q。剪切面可以是平面(如键的剪切面及销钉的横截面都是平面),也可以是曲面(如冲孔时的剪切面是圆柱面,剪切面积等于落料的周长乘以其厚度)。作用在剪切面上的内力为剪力,记作Q。因为Q是内力,故需要用截面法沿剪切面将构件切开,在剪切面上画出剪力Q,然后再用平衡方程求得。

(2)挤压变形的实质是在接触处发生局部塑性变形或压溃。解决挤压问题的关键是确定挤压面、挤压面积及其挤压面上的挤压力。挤压面可以是平面(如键的挤压面),也可以是曲面(如铆钉的挤压面为半个圆柱面,但在计算时,以挤压面在垂直于挤压力之平面上的投影面积表示)。对于相接触的连接件与被连接件而言,挤压力并不是内力,只需将相互挤压的两物体分离开,任取其一研究,即可由平衡方程确定挤压力。

复习与思考题

1. 如图 6-10 所示,凸缘联轴器用四个螺栓连接,螺栓内径 $d = 10\text{mm}$,对称地分布在 $D_0 = 80\text{mm}$ 的圆周上。若所传递的力矩 $M = 200\text{N} \cdot \text{m}$,螺栓许用剪应力 $[\tau] = 60\text{MPa}$,试校核螺栓的剪切强度。

2. 已知铆接钢板的厚度 $t = 10\text{mm}$,铆钉直径为 $d = 17\text{mm}$(图 6-11),铆钉的许用剪应力 $[\tau] = 140\text{MPa}$,许用挤压应力 $[\sigma_{jy}] = 320\text{MPa}$,$P = 24\text{kN}$,试作强度校核。

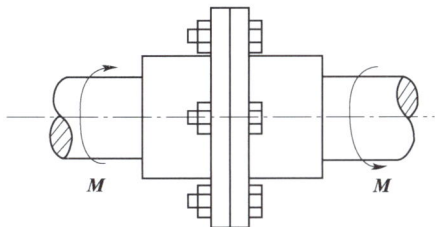

图 6-10 题 1 图

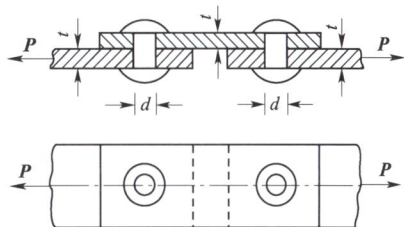

图 6-11 题 2 图

3. 一螺栓连接如图 6-12 所示,已知 $P = 200\text{kN}$,$\delta = 20\text{mm}$,螺栓材料的许用剪应力 $[\tau] = 80\text{MPa}$,试求螺栓的直径。

4. 如图 6-13 所示的普通平键连接,已知轴的直径 $d = 80\text{mm}$,平键的尺寸 $b = 24\text{mm}$,$h = 14\text{mm}$,平键的许用应力 $[\tau] = 40\text{MPa}$,$[\sigma_{jy}] = 90\text{MPa}$。若传递的力矩 $m = 3.2\text{kN} \cdot \text{m}$,求平键所需的长度 l。

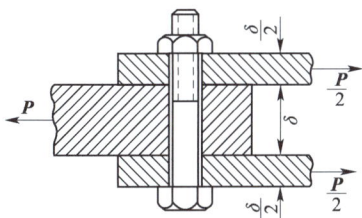

图 6-12 题 3 图

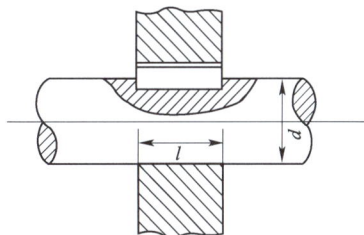

图 6-13 题 4 图

5. 为保证压力机在超过最大压力 160kN 时重要机件不发生破坏,在压力机冲头内装有图 6-14 所示的保险器。保险器材料采用灰铸铁,其剪切强度极限 $\tau_b = 360\text{MPa}$,试设计保险器的尺寸 δ。

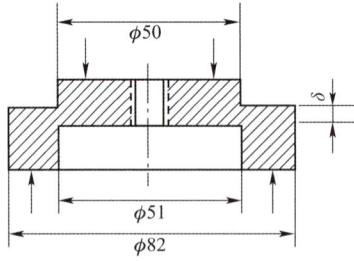

图 6-14 题 5 图

项目七

Chapter 7

圆轴的扭转变形

概　述

在日常生活中,拧干衣服(图7-1a) 时,可见到明显的扭转变形;而我们常用的螺丝刀和钥匙,在拧紧螺钉(图7-1b)和开门(图7-1c)时,它们也产生难以觉察的微小扭转变形。

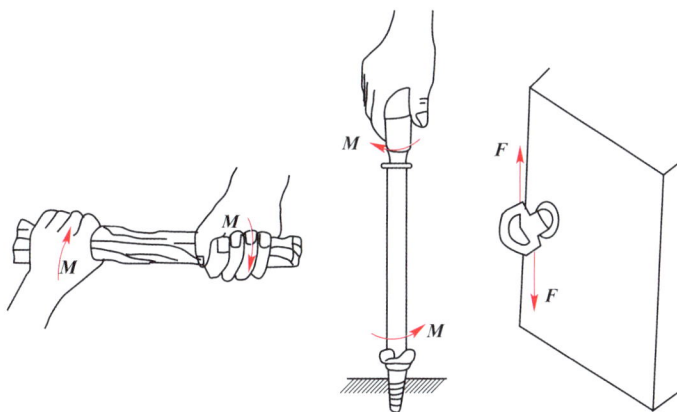

图7-1　圆轴的扭转生活实例

在工程中,承受扭转的构件也是很常见的。机械中的轴,在传递动力时,往往受到力偶作用。如汽车传动轴(图7-2),一端受发动机的主动力偶作用,另一端受传动齿轮的阻抗力偶作用;又如汽车转向轴(图7-3),两端分别承受驾驶员作用在转向盘上的外力偶和转向器的反力偶的作用。

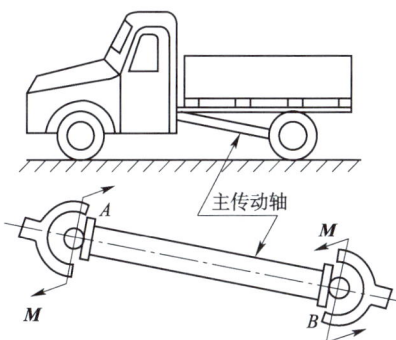

图7-2　汽车传动轴

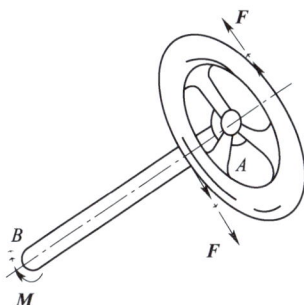

图7-3　汽车转向轴

任务一　圆轴扭转变形的内力及内力图

1 任务引入

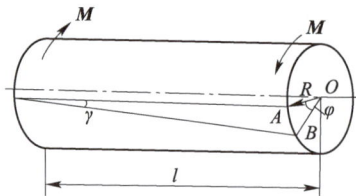

图 7-4　扭转变形

扭转的受力特点为：构件（AB 轴）的两端都受到一对数值相等、转向相反、作用面均垂直其轴线的力偶作用。它们的变形特点是：杆件的各横截面绕轴线发生相对转动（图 7-4），这种变形称为扭转变形。以扭转为主要变形的杆件称为轴。本单元仅讨论圆轴的扭转，并能根据圆轴所受的外力求解出圆轴扭转变形的内力，画出内力图。

想一想：如图 7-5 所示，哪些轴产生扭转变形？

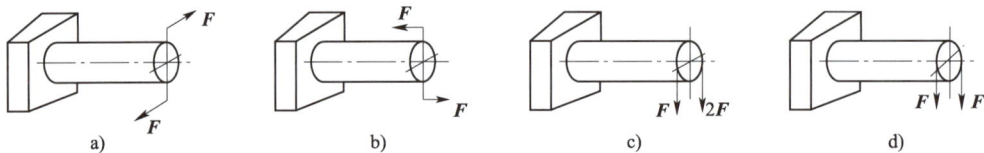

图 7-5　扭转变形判断

2 相关理论知识

2.1 外力偶矩的计算

工程中作用于轴上的外力偶矩通常并不直接给出，而是给出轴的转速和轴所传递的功率，它们的换算关系为：

$$M = 9550 \frac{P}{n} \tag{7-1}$$

式中：M——外力偶矩（N·m）；

P——轴传递的功率（kW）；

n——轴的转速（r/min）。

在确定外力偶矩的方向时，应注意输入力偶矩为主动力偶矩，其方向与轴的转向相同；输出力偶矩为阻力矩，其方向与轴的转向相反。

由于工程中承受扭转的构件大多为圆截面直杆，故称为轴。本任务亦仅限于讨论直圆轴的扭转问题。

想一想：减速器中，高速轴直径大还是低速轴直径大？为什么？

2.2 扭矩与扭矩图

已知作用在轴上的外力偶矩，则可用截面法计算轴横截面上的内力。如圆轴 AB（图 7-6a），在外力偶矩 M_A、M_B 和 M_C 作用下处于平衡状态，现求任一横截面 m—m 上的内力。假想沿截面 m—m 将轴分为两段，保留左段（或右段）为研究对象，用内力替代移去段轴对所研究段轴的作用效应。因轴上外力全是力偶，故内力也必然是一个内力偶，这个内力偶的矩称为扭矩，用 M_n 表示（图 7-6b）。取轴线为 x 坐标轴，由该段轴的平衡条件：

$$\sum M_x = 0$$

即

$$M_n - M_A + M_C = 0$$

得

$$M_n = M_A - M_C$$

若取右端轴研究(图7-5c)同样可得:

$$M_n = M_B = M_A - M_C$$

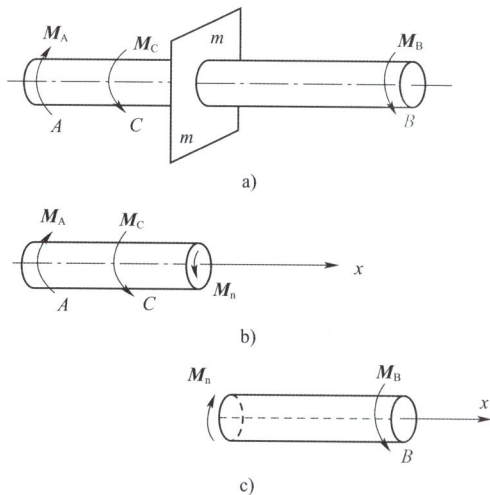

图7-6　扭矩计算示意图

在轴左、右段截面上的两个扭矩,大小相等,转向相反。为了使截面两侧求出的扭矩具有相同的正负号,特作如下规定:按右手螺旋法则,四指顺着扭矩的转向握住轴线,若大拇指的指向与横截面的外法线方向一致,则扭矩为正;反之为负。计算扭矩时一般按正扭矩假设,若求得结果为负,则说明扭矩实际转向与假设相反。

结论:扭转时各截面上的扭矩在数值上等于该截面一侧外力偶矩的代数和。外力偶矩失的方向离开截面时取正,指向截面时取负。

即:

$$M_n = \sum M_i$$

当轴上外力偶较多时,不同截面的扭矩就不一定相等。为了清楚地看出各截面扭矩的变化情况,以便确定危险截面,通常把扭矩随截面位置的变化绘成图形,称为扭矩图。画扭矩图时,取平行于轴线的直线为x轴,横坐标x表示各横截面的位置,垂直于轴线的坐标表示相应截面的扭矩,正扭矩画在x轴上侧,负扭矩画在下侧。下面以实例说明扭矩图的画法。

❸ 任务实施

例7-1　传动轴如图7-7a)所示。主动轮A输入功率$P_A = 50\text{kW}$,从动轮 B、C、D 输出功率分别为$P_B = P_C = 15\text{kW}$,$P_D = 20\text{kW}$,轴的转速为$n = 300\text{r/min}$,试画出轴的扭矩图。

解:由式(7-1)求各外力偶矩:

$$M_A = \frac{9550P_A}{n} = \frac{9550 \times 50}{300} = 1592(\text{N} \cdot \text{m})$$

$$M_B = M_C = \frac{9550P_C}{n} = \frac{9550 \times 15}{300} = 477.5(\mathrm{N \cdot m})$$

$$M_D = \frac{9550P_D}{n} = \frac{9550 \times 20}{300} = 637(\mathrm{N \cdot m})$$

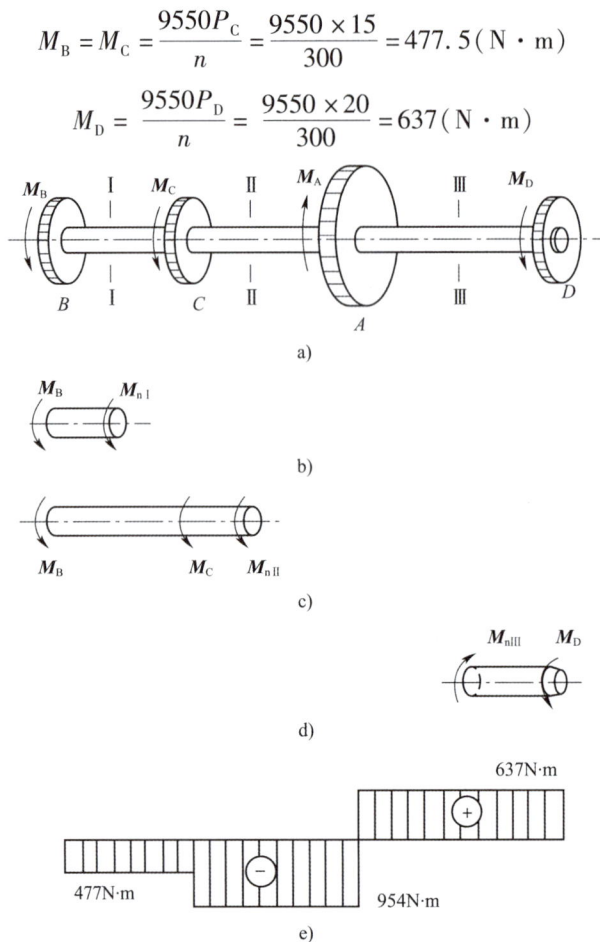

图 7-7　传动轴的扭矩图

由于轴 BC、CA、AD 三段的扭矩不等,故可用截面法分别计算各段的扭矩。在 BC 段内的截面 Ⅰ—Ⅰ 上,设有正扭矩 $M_{nⅠ}$,如图 7-7b)所示。由平衡条件:

$$\sum M_x = 0, \quad M_B + M_{nⅠ} = 0$$

得

$$M_{nⅠ} = -M_B = -477\mathrm{N \cdot m}$$

负号说明扭矩实际转向与假设相反,在该段轴内扭矩图为一水平线(图 7-7e)。同理,在 CA 段内,设在 Ⅱ—Ⅱ 截面上有 $M_{nⅡ}$,如图 7-7c)所示,由:

$$M_{nⅡ} + M_C + M_B = 0$$

得

$$M_{nⅡ} = -M_C - M_B = -954\mathrm{N \cdot m}$$

在 AD 段内,设在 Ⅲ—Ⅲ 截面上有 $M_{nⅢ}$,如图 7-7d)所示,由:

$$M_{nⅢ} - M_D = 0$$

得

$$M_{nⅢ} = M_D = 637\mathrm{N \cdot m}$$

根据以上计算结果,按比例画出扭矩图(图 7-7e)。由图可见,绝对值最大的扭矩在 CA 段内,且 $|M_n|_{max} = 954\mathrm{N \cdot m}$。

任务二　圆轴扭转时的应力及强度条件

1 任务描述

项目六中讨论了承受剪切变形的键、铆钉等杆件剪切面上的切应力。事实上,在剪切面上除切应力外,往往还存在正应力。但是,可以证明等直圆轴扭转时其横截面上只存在切应力而没有正应力。

本任务主要从圆轴变形、物理和静力学三个方面的关系分析,得出圆轴扭转时的应力,从而得出圆轴扭转时的强度条件。

2 相关理论知识

2.1 纯剪切、剪切胡克定律

用相邻两横截面、两纵向截面及轴表面平行的两圆弧面,从扭转变形的杆内截出一微分六面体,称为单元体,如图7-8所示。由单元体的平衡条件可得:两平面内切应力等值反向,形成一对力偶。

若单元体的量对互相垂直的平面上只有切应力,而另一对平面上没有任何应力的剪切,称为纯剪切。

用两个横截面和四个纵向面,从发生剪切变形的杆内取出一个微小六面体,建立坐标系(图7-8)。设定它的三个棱边长分别为 dx、dy、dz。在六面体的左右两侧面有等值而反向的剪应力 τ,组成一个力偶。显然,六面体要保持平衡,在上下两侧面也必然有等值反向的剪应力 τ'。由平衡条件:

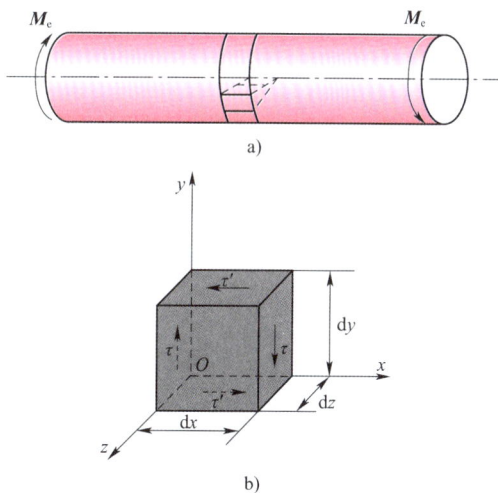

图7-8 微分六面体

$$\sum M_z = 0, \tau' dxdydz - \tau dxdydz = 0$$

解得

$$\tau' = \tau \tag{7-2}$$

上式表明:在相互垂直的两个平面上,剪应力必然成对存在,且数值相等;两者都垂直于两平面交线,方向则共同指向或共同背离这一交线。这就是剪应力互等定理。

扭转时圆轴的纵向线发生微小倾斜(变成螺旋线)。在单元体中,相对两平面产生错动使单元体的直角发生微小的改变(图7-9a),这个直角的改变量 γ 称为切应变,单位为弧度。试验表明,当切应力不超过材料的剪切比例极限 τ_p 时,切应力与切应变成正比(图7-9b),这就是剪切胡克定律。

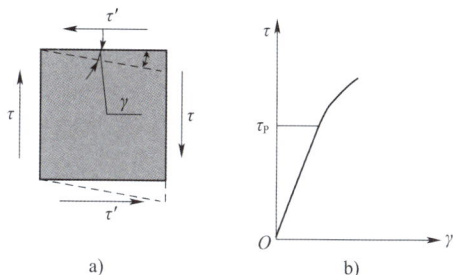

图7-9 剪切变形示意图

实验指出:剪应力不超过剪切比例极限时,剪应力 τ 和剪应变 γ 成正比。这一关系称为剪切胡克定律。用公式表示为:

$$\tau = G\gamma \tag{7-3}$$

比例系数 G 称为材料的剪切弹性模量,其单位与 τ 相同,它表示材料抵抗剪切变形的能力。不同材料的 G 值可从有关手册中查出。对于各向同性材料,也可用下列关系求出:

$$G = \frac{E}{2(1+\mu)} \tag{7-4}$$

式中:E——材料的拉压弹性模量;

μ——泊松比。

2.2　圆轴扭转时的应力

研究圆轴扭转时的应力,应先观察实验现象,提出假设,并从变形、物理和静力学三个方面的关系分析,从而导出应力计算公式。

取一等直圆轴,实验前在其表面画上一些圆周线以及与轴线平行的纵向线(图7-10a);两端施加外力偶矩为 M 的力偶作用后,圆轴即发生扭转变形(图7-10)。在变形微小的情况下,可以观察到如下现象:

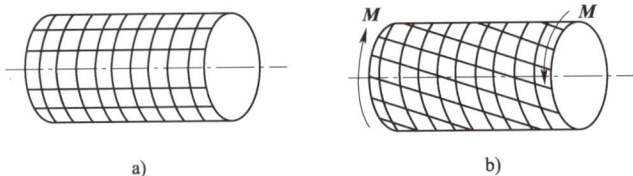

图7-10　扭转示意图

(1)所有纵向线都倾斜了一个相同的角度 γ,轴表面原来的小方格扭成了平行四边形。

(2)圆周线的形状、大小不变,且它们之间的距离也不变,仅绕轴线旋转了不同的角度。因而圆轴在扭转变形时长度和直径都不变。

根据这些现象可以提出圆轴扭转的平面变形假设:圆轴的横截面变形以后仍为平面,其形状和大小不变,且半径线仍为直线。按照这一假设,扭转变形中,横截面就像刚性平面一样,绕轴线旋转了一个角度。可见圆轴扭转时横截面上没有正应力,而只有剪应力。下面从三个方面讨论,建立横截面上的剪应力计算公式。

2.2.1　变形几何关系

沿 $m—m$ 和 $n—n$ 两个横截面,从轴上取出长为 $\mathrm{d}x$ 的一个微段来研究(图7-11)。设两截面相对转动了一个角度 $\mathrm{d}\varphi$。根据平面变形假设,在 $n—n$ 截面上的 O_2C 和 O_2D 均旋转了一个角度 $\mathrm{d}\varphi$ 而移动到 O_2C' 和 O_2D' 的位置。C 点和 D 点移动的距离为:

$$\overline{CC'} = \overline{DD'} = R\mathrm{d}\varphi$$

圆轴表面纵向线倾斜的角度:

$$\gamma = \tan\gamma = DD'/AD = R\mathrm{d}\varphi/\mathrm{d}x$$

即

$$\gamma = R\mathrm{d}\varphi/\mathrm{d}x \tag{7-5}$$

显然,γ 即为圆轴表层的剪应变。同理可求出,杆内距圆心为 ρ 处的剪应变:

$$\gamma_\rho = \rho\mathrm{d}\varphi/\mathrm{d}x \tag{7-6}$$

在同一截面，$\mathrm{d}\varphi/\mathrm{d}x$ 为一常数，故上式表明：横截面上任一点的剪应变 γ_ρ 与该点到圆心的距离 ρ 成正比。

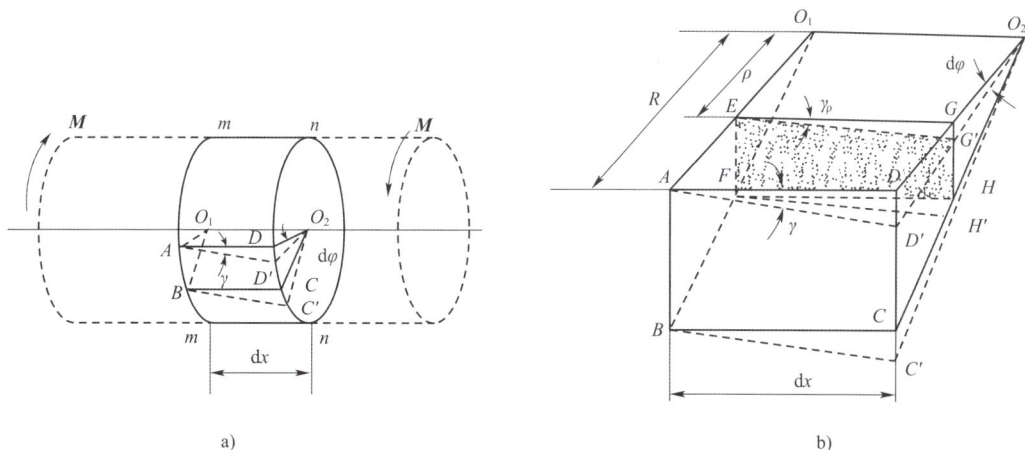

图 7-11　扭转变形分析

2.2.2　物理关系

根据剪切胡克定律：

$$\tau = G\gamma$$

则

$$\tau_\rho = G\gamma_\rho$$

于是

$$\tau_\rho = G\rho(\mathrm{d}\varphi/\mathrm{d}x) \tag{7-7}$$

上式表明：横截面上任意点处的剪应力 τ_ρ 与该点到圆心的距离 ρ 成正比。因而，同一圆周上各点的剪应力相等。又因 γ_ρ 发生在垂直于半径的平面内，所以 τ_ρ 也垂直于半径，如图 7-12 所示。

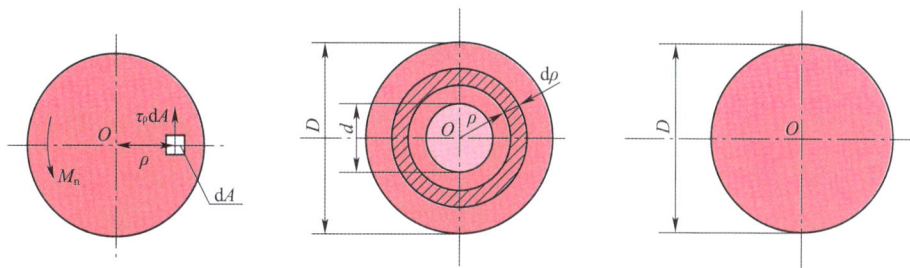

图 7-12　剪应力分布规律图

2.2.3　静力学关系

在横截面上离圆心为 ρ 处，取一微面积 $\mathrm{d}A$，如图 7-12 所示。由于在横截面上剪应力垂直于半径，因此，微面积 $\mathrm{d}A$ 上剪应力的微小合力对圆心之矩等于 $\rho\tau_\rho\mathrm{d}A$，截面上所有微小力矩的和等于该截面上的扭矩 M_n，即：

$$M_\mathrm{n} = \int_A \rho\tau_\rho\mathrm{d}A \tag{7-8}$$

积分限 A 为横截面面积。将式(7-7)代入得

$$M_n = \int_A G\rho^2 (\mathrm{d}\varphi/\mathrm{d}x) \mathrm{d}A$$

提出常量,故上式为:

$$M_n = G(\mathrm{d}\varphi/\mathrm{d}x) \int_A \rho^2 \mathrm{d}A \tag{7-9}$$

式中 $\int_A \rho^2 \mathrm{d}A$ 与横截面的形状、大小有关,它表示横截面的一种几何性质,称为横截面的极惯性矩,用 I_ρ 表示。

即
$$I_\rho = \int_A \rho^2 \mathrm{d}A$$

其单位为 m^4 或 mm^4,且恒为正值。于是式(7-9)可写为:

$$M_n = GI_\rho(\mathrm{d}\varphi/\mathrm{d}x)$$

或

$$\mathrm{d}\varphi/\mathrm{d}x = M_n/GI_\rho \tag{7-10}$$

由式(7-10)和式(7-7)可得横截面上距圆心为 ρ 的任意一点处的剪应力:

$$\tau_\rho = M_n\rho/I_\rho \tag{7-11}$$

当 ρ 达到最大值 $D/2$ 时,剪应力为最大值:

$$\tau_{max} = M_n D/(2I_\rho)$$

因 $D/2$ 和 I_ρ 都是与截面几何性质有关的量,故令:

$$W_\rho = 2I_\rho/D$$

则

$$\tau_{max} = M_n/W_\rho \tag{7-12}$$

式中 W_ρ 称为圆轴的抗扭截面模量,也表示截面的一种几何性质,其单位为 m^3 或 mm^3,也恒为正值。

实验证明,扭转时的平面变形假设只适用于等直圆杆,因此,式(7-12)也只是适用于等直圆杆。此外,在导出公式时,应用了剪切胡克定律,所以该式只适用于 τ_{max} 不超过材料的剪切比例极限 τ_ρ 的情况。前面引出了截面极惯性矩 I_ρ 和抗扭截面模量 W_ρ,下面推导工程中常用的空心圆轴和实心圆轴的 I_ρ 和 W_ρ 计算公式。

计算空心圆轴横截面(图7-13)的极惯性矩时,可在截面距圆心为 ρ 处出取宽为 $\mathrm{d}\rho$ 的微小环形面积 $\mathrm{d}A$,于是:

$$\mathrm{d}A = 2\pi\rho\mathrm{d}\rho$$

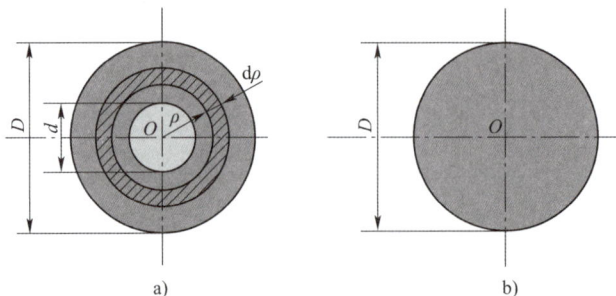

a)   b)

图 7-13 极惯性矩的积分

从而得圆环形截面的极惯性矩：

$$I_\rho = \int_A \rho^2 \mathrm{d}A = 2\pi \int_{d/2}^{D/2} \rho^3 \mathrm{d}\rho = \frac{\pi}{32}(D^4 - d^4) = \frac{\pi D^4}{32}(1 - \alpha^4)$$

抗扭截面模量：

$$W_\rho = \pi D^3(1 - \alpha^4)/16$$

式中：$\alpha = d/D$。

当内径 $d = 0$ 时即为实心圆截面，此时 $\alpha = 0$，于是：

$$I_\rho = \pi D^4/32 , \quad W_\rho = \pi D^3/16$$

2.3 圆轴扭转时的强度条件

由式(7-12)可知，等直圆轴最大剪应力发生在最大扭矩所在截面的外周边各点处，为了使圆轴能正常工作，必须使最大工作剪应力 τ_{max} 不超过材料的许用剪应力 $[\tau]$。于是等直圆轴扭转时的强度条件为：

$$\tau_{max} = \frac{|M_n|_{max}}{W_\rho} \leqslant [\tau] \tag{7-13}$$

2.3.1 等截面圆轴（图 7-14）

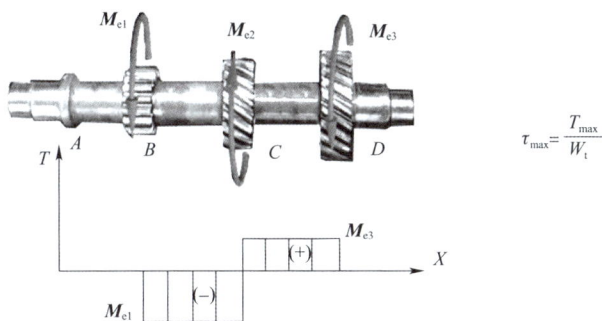

图 7-14 等截面圆轴示例

2.3.2 阶梯形圆轴（图 7-15）

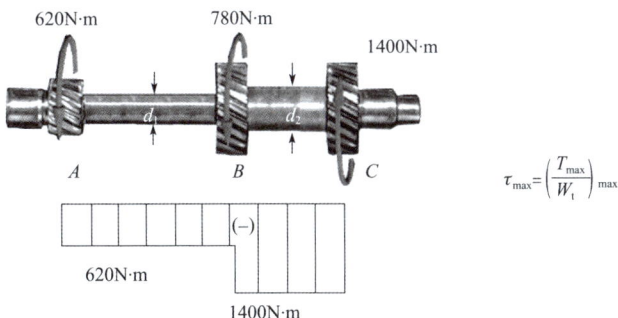

图 7-15 阶梯形圆轴示例

3 任务实施

例 7-2 若例 7-1 中的圆轴直径 $D = 45\text{mm}$，许用剪应力 $[\tau] = 40\text{MPa}$，试校核此轴强度。

解：在例7-1中已求出该轴的最大扭矩：

$$|M_n|_{max} = 954 \text{N} \cdot \text{m}$$

轴的抗扭截面模量：

$$W_\rho = \pi D^3 / 16 = \frac{\pi \times 45^3}{16} = 1.79 \times 10^4 \, (\text{mm}^3)$$

最大剪应力：

$$\tau_{max} = \frac{|M_n|_{max}}{W_\rho} = \frac{954 \times 10^3}{1.79 \times 10^4} = 53.3 \, (\text{MPa}) > [\tau]$$

结论：轴的强度不够。

例7-3　一圆轴两端受外力偶矩 $M = 600 \text{N} \cdot \text{m}$，其许用剪应力 $[\tau] = 30 \text{MPa}$，试设计轴的直径。

解：由扭转强度条件可知：

$$W_\rho \geqslant \frac{M_n}{[\tau]} = \frac{600 \times 10^3}{30} = 2 \times 10^4 \, (\text{mm}^3)$$

$$D = (16 W_\rho / \pi)^{1/3} \geqslant (16 \times 2 \times 10^4 / \pi)^{1/3} = 46.5 \, (\text{mm})$$

即轴的直径最小应为46.5mm。

例7-4　直径 $D = 30 \text{mm}$ 的圆轴，许用剪应力 $[\tau] = 25 \text{MPa}$。在转速 $n = 50 \text{r/min}$ 工作时，能传递多大功率？若要传递 $P = 4 \text{kW}$ 的功率，轴的转速应为多大？

解：（1）由强度条件求许可扭矩：

$$M_n \leqslant [\tau] W_\rho = \frac{25 \times \pi D^3}{16} = 132.5 \, (\text{N} \cdot \text{m})$$

（2）由转速求最大功率：

$$P \leqslant \frac{M_n \cdot n}{9550} = \frac{132.5 \times 50}{9550} = 0.7 \, (\text{kW})$$

（3）由功率求最小转速：

$$n = \frac{9550 P}{M_n} = \frac{9550 \times 4}{132.5} = 288 \, (\text{r/min})$$

即当圆轴以 50r/min 的转速工作时，传递的功率不能超过 0.7kW；而要传递 4kW 功率时，轴最低应有 288r/min 的转速。

任务三　圆轴的扭转变形及其刚度计算

1 任务引入

工程中承受扭转的圆轴除应该满足强度条件外，一般还要求扭转变形不能超过工程上允许的范围。如机器中的轴，工作时若变形过大，往往会影响机器的工作精度或使机器在运转中产生较大的振动等。所以，圆轴扭转时，不仅要满足强度条件，还常要满足刚度条件。本任务要求会对圆轴的扭转变形进行刚度校核。

2 相关理论知识

2.1 圆轴扭转时的变形及刚度条件

扭转变形的大小,是用两个横截面间绕轴线的相对转角 φ 来度量的,φ 称为扭转角。上一节已导出:

$$\mathrm{d}\varphi/\mathrm{d}x = M_\mathrm{n}/GI_\rho$$

由此可求得相距为 l 的两个横截面间的扭转角:

$$\varphi = \int_l \mathrm{d}\varphi = \int_0^l \frac{M_\mathrm{n}}{GI_\rho}\mathrm{d}x$$

若两个横截面之间 M_n、GI_ρ 均为常量,则:

$$\varphi = \frac{M_\mathrm{n}}{GI_\rho}\int_0^l \mathrm{d}x = \frac{M_\mathrm{n}l}{GI_\rho} \tag{7-14}$$

式中,扭转角 φ 的单位是 rad;GI_ρ 反映了截面抵抗扭转变形的能力,称为截面抗扭刚度。

若在两截面之间的 M_n 或 GI_ρ 为变量时,则应通过积分或分段计算各段的扭转角,然后取代数和。

2.2 圆轴扭转时的刚度条件

扭转角 φ 的大小与长度 l 有关,为消除 l 的影响,可用单位长度扭转角作为圆轴扭转变形的量度:

$$\theta = \frac{\varphi}{l} = \frac{M_\mathrm{n}}{GI_\rho}$$

式中,θ 的单位为 rad/m。如将弧度单位改用度表示,则:

$$\theta = \frac{M_\mathrm{n}}{GI_\rho} \cdot \frac{180}{\pi}$$

式中,θ 和 $[\theta]$ 的单位为 °/m;M_n 的单位为 N·m;G 的单位为 Pa;I_ρ 的单位为 m⁴。

工程上要求轴的最大单位扭转角不超过许用的单位扭转角,即:

$$\theta \leqslant [\theta] \tag{7-15}$$

式(7-15)即为圆轴扭转时的刚度条件。同强度条件一样,刚度条件同样也可以解决三类工程问题。

单位长度的许用扭转角 $[\theta]$ 值,是根据载荷性质和不同工作条件等要求而定的,具体数值可查有关手册。一般规定为:

精密机器轴

$$[\theta] = 0.15 \sim 0.50\,°/\mathrm{m}$$

一般传动轴

$$[\theta] = 0.5 \sim 1.0\,°/\mathrm{m}$$

精度较低的轴

$$[\theta] = 1 \sim 2.5\,°/\mathrm{m}$$

3 任务实施

例 7-5 某轴的扭矩 $M_\mathrm{n} = 155\mathrm{N·m}$,材料的 $G = 80\mathrm{GPa}$,$[\tau] = 40\mathrm{MPa}$,轴的 $[\theta] = 1.5\,°/\mathrm{m}$,

试设计轴的直径。

解:(1)由强度条件设计:

$$\tau_{max} = \frac{|M_n|_{max}}{W_\rho} = \frac{16M_n}{\pi D^3} \leq [\tau]$$

$$D \geq \left(\frac{16M_n}{\pi[\tau]}\right)^{1/3} = \left(\frac{16 \times 155}{\pi \times 40 \times 10^6}\right)^{1/3} = 0.0272(m)$$

(2)由刚度条件设计:

$$\theta = \frac{M_n}{GI_\rho} \times \frac{180}{\pi} = \frac{32M_n}{G\pi D^4} \times \frac{180}{\pi} \leq [\theta]$$

$$D \geq \left(\frac{32 \times 180 \times M_n}{G\pi^2[\theta]}\right)^{1/4} = \left(\frac{32 \times 180 \times 155}{80 \times 10^9 \times \pi^2 \times 1.5}\right)^{1/4} = 0.0297(m)$$

综合考虑,可取直径 $D \geq 29.7mm$。

理一理:从以上例题可以看出,圆轴扭转时横截面上的内力计算是进行强(刚)度计算的基础。

(1)解题思路与步骤。

①根据圆轴的转速及传递的功率计算外力偶矩。

②用截面法求各轴段横截面上的扭矩,画扭矩图,确定危险截面及危险点。

③利用圆轴扭转的强(刚)度条件,解决三类工程问题。

(2)解题时应注意的问题。

①若在长 l 的轴段内,扭矩、截面极惯性矩、材料的剪切弹性模量中有一个发生变化,则应分段计算(相对)扭转角。

②扭转角的转向是由各段扭矩的转向决定的,所以扭转角的正负号由扭矩的正负确定。

③一般来说,凡有精度要求或限制振动的机械,都需考虑轴的扭转刚度。

④设计成空心轴,可减轻重量,节约材料。但应注意长轴中孔的加工,将增加制造费用,应综合考虑成本。

复习与思考题

1.若单元体的对应面上同时存在切应力和正应力,切应力互等定理是否依然成立?为什么?

2.若将图 7-16 中主动轮 A 与从动轮 D 位置调换,最大扭矩为多少?发生在哪段轴上?我们从中能受到什么启发?

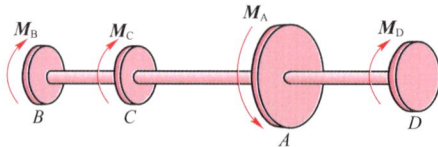

图 7-16　题 2 图

3.某传动轴(图 7-17)转速 $n = 400r/min$,主动轮 2 输入功率为 60kW,从动轮 1、3、4 和 5 输出功率分别为 $P_1 = 18kW$,$P_3 = 12kW$,$P_4 = 22kW$,$P_5 = 8kW$。试画出该轴的扭矩图。

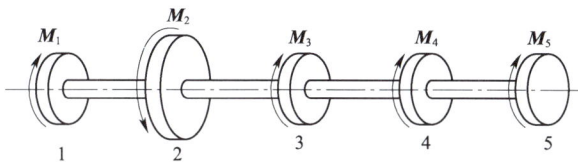

图 7-17　题 3 图

4. 如图 7-18 所示圆轴，$d = 100\text{mm}$，$l = 500\text{mm}$，$M_1 = 7000\text{N} \cdot \text{m}$，$M_2 = 5000\text{N} \cdot \text{m}$，$G = 8 \times 10^4 \text{MPa}$。求：

（1）作扭矩图。

（2）轴的最大剪应力，并指出其所在位置。

（3）截面 C 相对于截面 A 的扭转角 φ_{CA}。

5. 传动轴直径 $d = 50\text{mm}$（图 7-19），材料的 $G = 80\text{GPa}$，转速 $n = 20\text{r/min}$。轮 A 为主动轮，输入功率 $P = 60\text{kW}$，轮 B、C、D 均为从动轮，输出功率分别为 20kW、15kW 和 25kW。

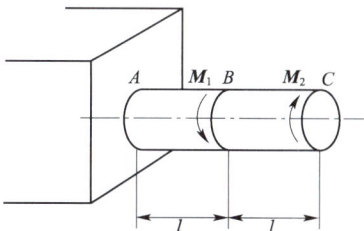

图 7-18　题 4 图

（1）试绘出该轴的扭矩图。

（2）若将轮 A 和轮 C 位置对调，试分析对轴的受力是否有利。

（3）求轮 B 和轮 D 之间的相对扭转角 φ_{BD}。

6. 轴的一端为实心轴，直径 $D_0 = 30\text{mm}$，另一端为空心轴，内径 $d = 20\text{mm}$，外径 $D = 40\text{mm}$，两端受外力偶矩 $M = 300\text{N} \cdot \text{m}$，若轴的许用剪应力 $[\tau] = 70\text{MPa}$，试校核该轴的强度。

7. 如图 7-20 所示钢轴，已知 $M_A = 0.8\text{kN} \cdot \text{m}$，$M_B = 1.2\text{kN} \cdot \text{m}$，$M_C = 0.4\text{kN} \cdot \text{m}$，$[\tau] = 50\text{MPa}$，$[\theta] = 0.25°/\text{m}$，$G = 80\text{GPa}$，试设计轴的直径。

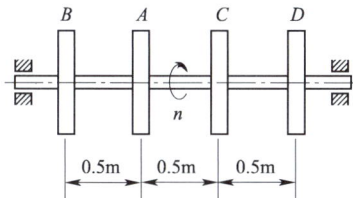

图 7-19　题 5 图

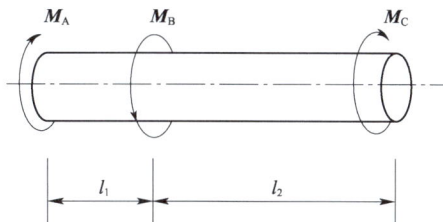

图 7-20　题 6 图

8. 直径 $d = 25\text{mm}$ 的圆钢杆，受轴向拉力 $F = 60\text{kN}$ 作用时，在标距 $l = 200\text{mm}$ 的长度内伸长 $\Delta l = 0.113\text{mm}$；受外力偶矩 $M = 200\text{N} \cdot \text{m}$ 的作用时，相距 $l = 150\text{mm}$ 的两横截面上的相对扭转角为 $\varphi = 0.55°$。试求钢材的 E 和 G。

项目八

Chapter 8

弯曲变形分析

概　述

工程中,常常会遇到发生弯曲的杆件。例如,桥式起重机的大梁、火车轮轴等。这些杆件受到与杆轴线相垂直的外力或外力偶的作用,杆轴线由直线变成曲线,形成弯曲变形。梁是机械与工程结构中最常见的构件。本项目内容包括梁的内力、平面弯曲中横截面上的正应力和切应力分布规律,以及梁的变形计算。

任务一　梁的弯曲内力

❶ 任务引入

作用于梁上的外力以及支承处梁的约束力都是梁的外载荷。在外载荷的作用下,梁要产生弯曲变形,若对梁的弯曲强度进行计算,首先要求出梁横截面上的内力。

❷ 相关理论知识

2.1　梁的概念

当杆件受到矢量方向垂直于轴线的外力或外力偶作用时,其轴线将由直线变为曲线。以轴线变弯为主要特征的变形形式称为弯曲,凡是以弯曲变形为主的杆件,工程上称为梁,如车辆的轮轴、房屋的梁及桥梁等(图 8-1)。在分析计算中,通常用梁的轴线代表梁。

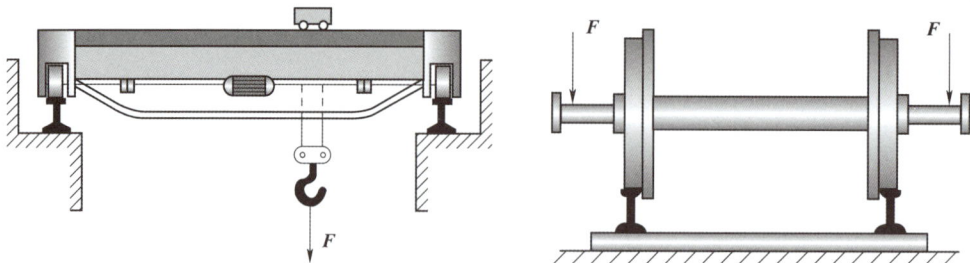

图 8-1　梁的弯曲变形实例

在工程实际中,大多数梁都具有一个纵向对称面;而外力也作用在该对称面内。在这种情况下,梁的变形对称于纵向对称面,且变形后的轴线也在对称面内,即所谓的对称弯曲,如

图 8-2 所示。它是弯曲问题中最基本、最常见的情况。本章只讨论梁的对称弯曲。

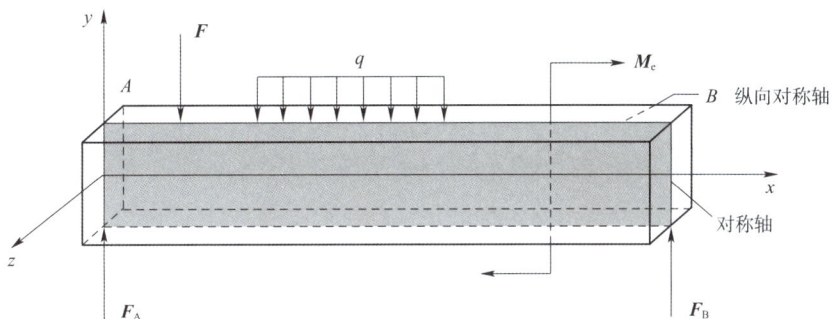

图 8-2　梁的对称弯曲

图 8-3 表示了梁的三种常见约束形式及相应的约束力:可动铰支座、固定铰支座和固定端约束。在以上三种约束方式下,有三种常见的梁形式,如图 8-4 所示。图 8-4a)所示为简支梁,两端分别为固定铰支座和活动铰支座;图 8-4b)所示为悬臂梁,一端固定端约束,一端自由;图 8-4b)所示为外伸梁,它是具有一个或两个外伸部分的简支梁。这三种梁都是静定梁。

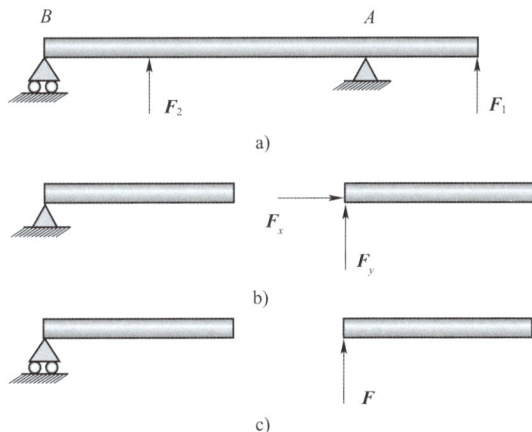

图 8-3　梁的约束

作用在梁上的外载荷,常见的有集中力偶 M、分布载荷 q 和集中力 F,如图 8-5 所示。在实际问题中,q 为常数的均布载荷较为常见。

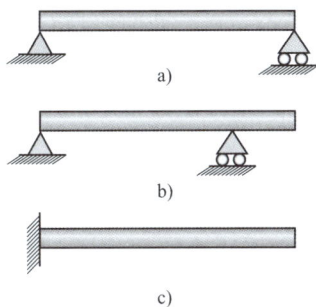

图 8-4　三类静定梁

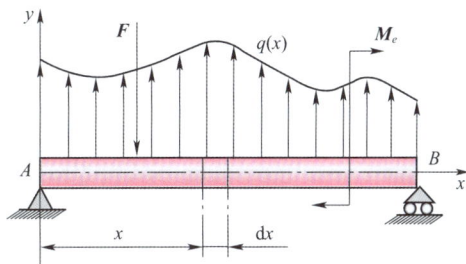

图 8-5　梁的外载荷

2.2　梁的剪力与弯矩

前面已经介绍了求杆件内力的通用方法，即截面法。具体到梁，其内力分量为剪力和弯矩，规定当剪力相对于横截面的转向为顺时针为正，使杆件发生上凹下凸的弯矩为正（图8-6）。

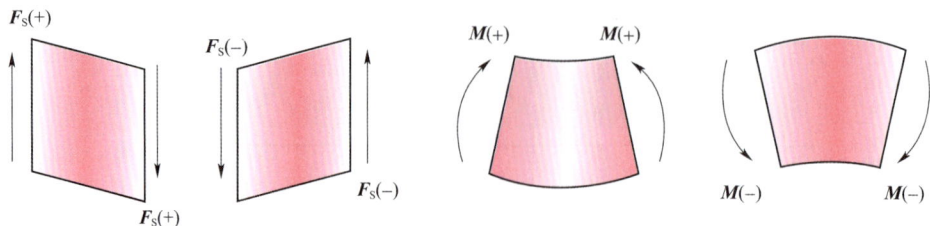

图8-6　剪力和弯矩

2.3　剪力、弯矩和载荷集度的微分关系

现研究剪力 $F_S(x)$、弯矩 $M(x)$ 和分布载荷集度 $q(x)$ 之间的微分关系。首先讨论梁上无集中载荷的情况。

如图8-7a）所示，梁受分布载荷 $q = q(x)$ 作用。规定 x 轴水平向由，分布载荷向上为正。为研究剪力和弯矩沿梁轴线的变化规律，用坐标分别为 x 与 $x + dx$ 的横截面从梁中切取一段来进行分析，见图8-7b）。

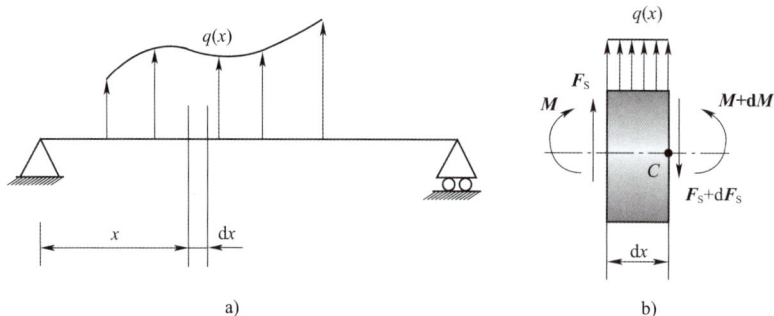

图8-7　剪力、弯矩与载荷集中度的微分关系

微段左、右截面上的剪力和弯矩分别为 F_S、M 和 $F_S + dF_S$、$M + dM$，它们和微段上的分布载荷 $q(x)$ 一起组成平衡力系，竖直方向的平衡方程为：

$$\sum F_y = 0, F_S + q(x)\,dx - (F_S + dF_S) = 0$$

$$\frac{dF_S}{dx} = q(x) \tag{8-1}$$

式（8-1）就是剪力 $F_S(x)$ 和分布载荷 $q(x)$ 之间的微分关系。对右截面形心 C 取矩：

$$\sum M_C = 0, M + dM - \frac{q(x)}{2}(dx)^2 - F_S dx - M = 0$$

略去高阶无穷小 $0.5q(x)(dx)^2$ 后，得：

$$\frac{dM}{dx} = F_S \tag{8-2}$$

式（8-2）是弯矩 $M(x)$ 和剪力 $F_S(x)$ 之间的微分关系。将式（8-1）带入式（8-2），得到弯矩 $M(x)$ 和分布载荷 $q(x)$ 之间的微分关系：

$$\frac{dM}{dx} = F_S(x) \tag{8-3}$$

现讨论微段上作用有集中载荷的情况,如图 8-8 所示。容易证明,在集中力 P 作用处,左、右两侧的弯矩相同,而剪力则发生突变,其突变量等于 P(图 8-8),且弯矩图出现尖点;在集中力偶 m 作用处,其左、右两侧的剪力相同,而弯矩发生突变(图 8-9)。

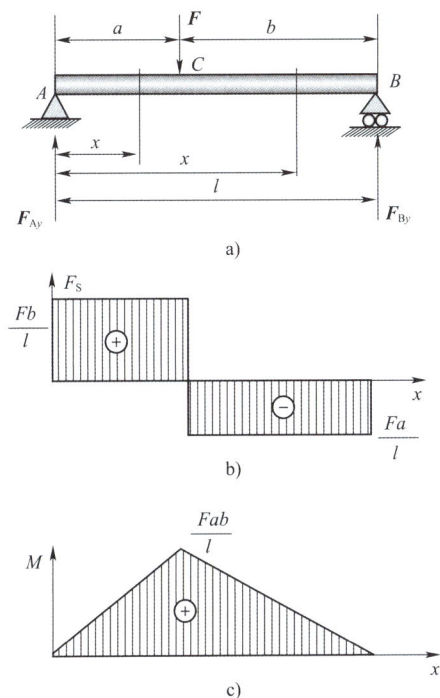

图 8-8　集中载荷的影响

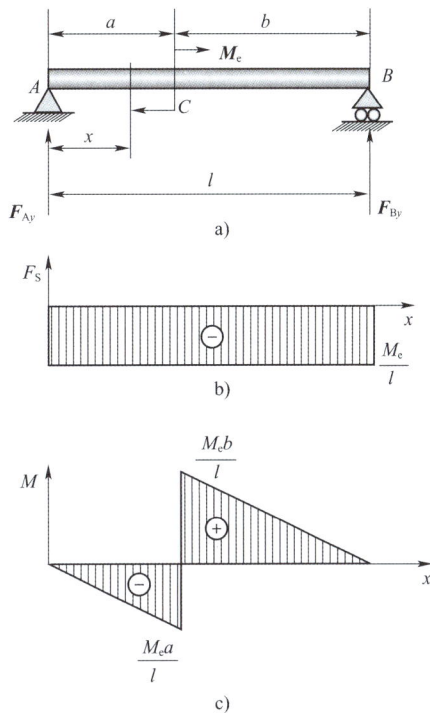

图 8-9　集中力偶的影响

利用剪力 $F_S(x)$、弯矩 $M(x)$ 和分布载荷 $q(x)$ 之间的微分关系,可以对剪力图和弯矩图的形态作直观的判断。具体来说:

(1) $q(x)$、$F_S(x)$ 和 $M(x)$ 的函数阶次依次升高一阶;$q(x)$ 的箭头"顶"在 $M(x)$ 的凸出一侧。

(2) 在 $F_S(x)=0$ 的截面上,$M(x)$ 取极值。

(3) 对只有集中载荷作用的梁,其剪力图和弯矩图一定是由分段直线构成的。

3 任务实施

例 8-1　外伸梁承受载荷如图 8-10a)所示,试作出梁的剪力图和弯矩图。

解:由平衡方程 $\sum M_C=0$ 和 $\sum F_y=0$,求得 A、C 处的约束力分别为:

$$F_A=\frac{5}{6}qa,\ F_C=\frac{13}{6}qa$$

将整个梁分为 AB、BC 和 CD 三段。先讨论剪力图。AB 段无外载荷,因此剪力为常值;BC 和 CD 都受均布载

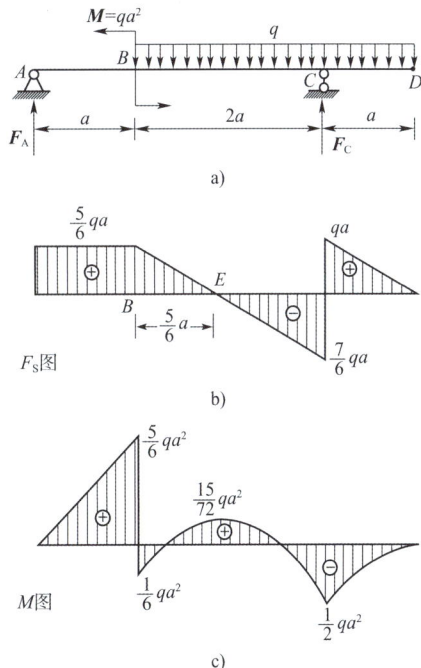

图 8-10　例 8-1 图

荷作用,剪力图为斜直线,但因为 C 处的集中约束力,因此剪力图发生突变。由截面法可计算出 A、B、C 和 D 处的剪力依次为:

$$F_{SA} = F_{SB} = \frac{5}{6}qa, F_{SC左} = -\frac{6}{7}qa, F_{SC右} = qa, F_{SD} = 0$$

据此,绘出剪力图 8-10b)。注意到在 E 点和 D 点剪力为零,此处弯矩取极值。

对弯矩图,依据剪力和弯矩微分关系,AB 段弯矩图为斜直线,BC 段和 CD 段为抛物线,其极值点分别为 E 和 D。在 B 点出弯矩图有突变。同样,由截面法计算各关键截面处的弯矩图。

$$M_A = 0, M_{B左} = \frac{5}{6}qa, M_{B右} = \frac{qa}{6}, M_E = \frac{15}{72}qa^2, M_C = \frac{qa^2}{2}, M_D = 0$$

由此,绘出弯矩图 8-10c)。

任务二　弯曲时横截面上的正应力

1 任务引入

在一般情况下,梁的横截面上存在着正应力和切应力。正应力向横截面形心简化将产生弯矩,而切应力的简化结果产生剪力,见图 8-11。若梁内各横截面的剪力为零而弯矩为常量,即为纯弯曲状态,如图 8-12 中的 CD 段。这时,梁的横截面上只存在正应力。现在讨论梁在对称纯弯曲时横截面上正应力。

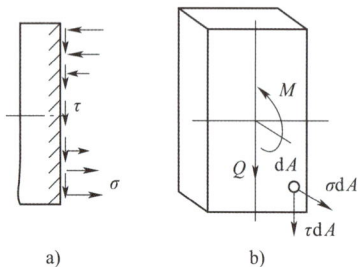

图 8-11　横截面上的正应力和切应力

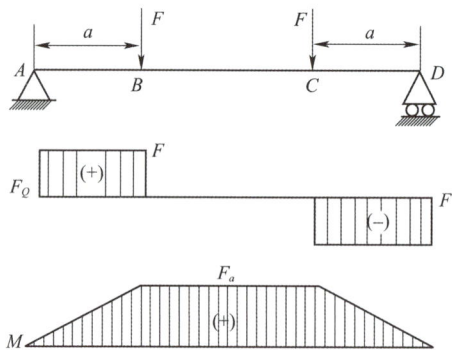

图 8-12　纯弯曲

2 相关知识准备

2.1 弯曲试验和变形特点

和前面研究拉(压)杆及轴的方法一样,要解决梁横截面上的应力分布,首先应该了解梁弯曲变形的特征,并作出合理的简化。

取一根对称截面梁,在其表面画上纵线和横线。然后,在梁两端的纵向对称面内一对外力偶,使梁处于纯弯曲状态。从试验中观察到:

(1)横线仍保持直且仍与纵线正交,只是横线间做相对转动。

(2)纵线变为曲线,上面的纵线缩短,下面的纵线伸长。

根据上述现象,对梁内变形做如下假设:

（1）平面假设：变形后，横截面仍保持平面且仍与轴线正交，只是横截面间做相对转动。

（2）单向受力假设：各纵向"纤维"之间无挤压或拉伸作用。

根据平面假设，梁变形后横截面上没有切应变，也就没有切应力。梁上部"纤维"受压；下部"纤维"受拉，由变形的连续性可知，其间必有一层纵向"纤维"的长度不变，即中性层。显然，中性层的曲率与弯矩和横截面性质有关，对处于纯弯曲状态的等直梁，中性层上的纵向线段变成圆弧。中性层与横截面的交线称为中性轴，见图8-13a)。通常，取梁横截面的对称轴为y轴、中性轴为z轴、梁轴线为x轴，三者构成右手坐标系，如图8-13b)所示。

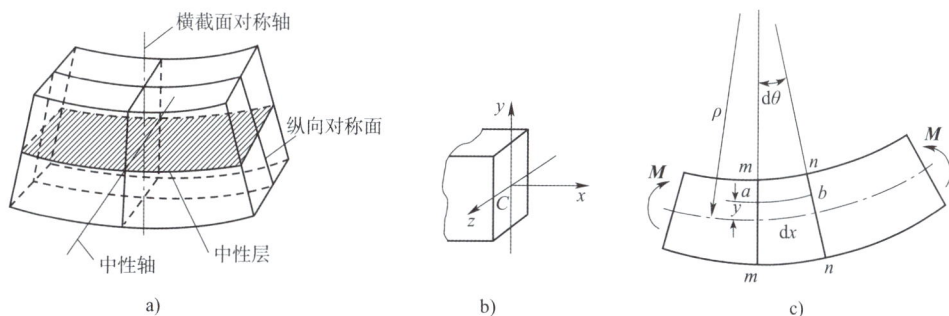

图 8-13 弯曲变形分析

概括地说，在纯弯曲条件下，所有横截面仍保持平面，只是绕中性轴做相对转动，而纵向"纤维"则均处于单向受力状态。

2.2 对称弯曲正应力一般公式

在对弯曲变形作出合理的简化后，即可通过对变形、物理和静力学三方面的综合分析，建立弯曲正应力公式。

如图8-13c)所示，在梁中切取长为dx的微段。设变形后中性层上纵向线段的曲率半径为ρ，微段两端横截面的相对转角为$d\theta$。因此，微段上任一纵向线段的原长为$dx = \rho d\theta$；距中性层为y的任一纵向线段ab变形后长度为$(\rho - y)d\theta$。由此可得线段ab的纵向应变为：

$$\varepsilon_x = \frac{(\rho - y)d\theta - \rho d\theta}{\rho d\theta} = -\frac{y}{\rho}$$

上式表明，横截面上各点正应变与其距中性层的距离成正比。负号表示在正弯矩作用下，中性层以上($y > 0$)纵向线段缩短($\varepsilon_x < 0$)。

由于假设各纵向"纤维"处于单向受力状态，因此，当正应力不超过材料的比例极限时，由胡克定律可得出横截面上正应力的分布规律为：

$$\sigma = -\frac{Ey}{\rho} \tag{8-4}$$

式(8-4)表明，横截面上正应力沿截面高度按线性规律变化，沿梁宽度均匀分布，而中性轴上各点处的正应力均为零，见图8-14。

目前为止，尚不能应用式(8-4)求横截面上的正应力，因为中性轴的位置和中性层曲率半径ρ均为未知。为求此两个未知量，还需利用应力和内力间的静力学关系。

如图8-15所示，横截面上正应力的合力形成轴力，由于轴力为零，故：

$$\int_A \sigma dA = -\int_A \frac{Ey}{\rho}dA = -\frac{E}{\rho}S_z = 0$$

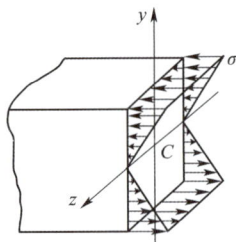

图 8-14　弯曲正应力

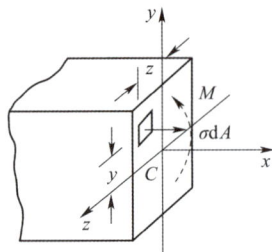

图 8-15　弯曲正应力的简化

积分 $S_z = \int_A y\,dA$ 为横截面关于轴 z 的静矩。上式表明,横截面对中性轴的静矩 S_z 等于零,即中性轴通过截面的形心,由此确定出中性轴的位置。

所有正应力对 z 轴矩之和即为横截面上的弯矩 M,即:

$$M = -\int_A \sigma y\,dA = \frac{E}{\rho}\int_A y^2\,dA$$

积分 $I_z = \int_A y^2\,dA$ 为横截面关于轴 z 的惯性矩。于是:

$$\frac{1}{\rho} = \frac{M}{EI_z} \tag{8-5}$$

式(8-5)为以曲率表示的弯曲变形公式。$\dfrac{1}{\rho}$ 是梁变形后的曲率,它与 EI_z 成反比。EI_z 称为梁的截面抗弯刚度,简称抗弯刚度。将式(8-5)代入式(8-4),即得横截面上任一点处的正应力计算公式:

$$\sigma = -\frac{My}{I_z} \tag{8-6}$$

式(8-6)表明,横截面上的最大拉、压应力分别发生在离中性轴的最远处。以 $|y|_{max}$ 表示最远处到中性轴的距离,则:

$$\sigma_{max} = \frac{My_{max}}{I_z} = \frac{M}{I_z / |y|_{max}} = \frac{M}{W_z} \tag{8-7}$$

比值 $W_z = I_z / |y|_{max}$ 称为抗弯截面模量。

式(8-7)是矩形截面梁在纯弯曲的情况下建立的。当横截面上有剪力时,由于存在切应力,其横截面将发生翘曲;同时梁上横向力的作用,还会引起纵向"纤维"的侧向挤压。但精确弹性理论分析表明,应用式(8-7)计算非矩形截面的细长梁在非纯弯曲下的弯曲正应力,结果仍具有足够的精确度。因此,也将式(8-7)称为弯曲正应力的一般公式。

2.3　截面的静矩和惯性矩

与截面的面积、极惯性矩一样,静矩和惯性矩也只与截面的形状与尺寸有关。这些与截面形状与尺寸有关的几何量,统称为截面的几何性质。

如图 8-16 所示,任意截面的面积为 A,在任一坐标系 oyz 内,定义截面对轴 y 和轴 z 的静矩:

$$S_y = \int_A z\,dA,\ S_z = \int_A y\,dA \tag{8-8}$$

由上述定义可看出,同一截面在不同坐标系下的静矩可正可负,亦可为零,其量纲为长度的三次方。

截面形心的位置坐标(y_C, z_C)按下式确定：

$$y_C = \frac{\int_A y\,dA}{A} = \frac{S_z}{A}, z_C = \frac{\int_A z\,dA}{A} = \frac{S_y}{A} \tag{8-9}$$

比较式(8-9)可知,均质等厚薄板的重心与该板平面的形心重合。因此,可用求重心的方法来求截面的形心。若某坐标轴通过截面之形心,则称该轴为截面的形心轴。根据式(8-9),截面对形心轴之静矩为零;反之亦然。此外,若某一轴为截面的对称轴,则该轴为截面的形心轴。

如图8-17所示,定义截面对轴y和轴z的惯性矩：

$$I_y = \int_A z^2\,dA, I_z = \int_A y^2\,dA \tag{8-10}$$

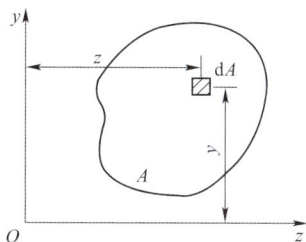

图8-16 截面的静矩 图8-17 截面的惯性矩

截面的惯性矩恒为正,其量纲为长度的四次方。不难计算,图8-18a)中的矩形截面关于对称轴z和y的惯性矩分别为：

$$I_z = \frac{bh^3}{12}, I_z = \frac{b^3 h}{12} \tag{8-11}$$

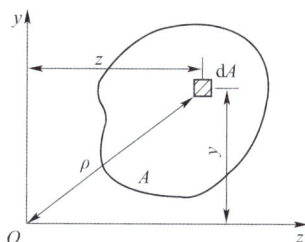

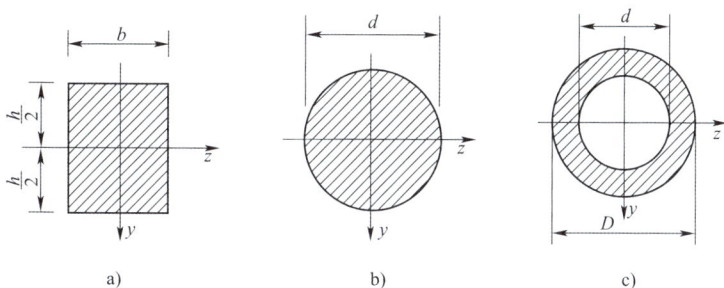

图8-18 简单截面的惯性矩

而图8-18b)中直径为d的圆截面关于任意圆心轴z惯性矩为：

$$I_z = I_y = \frac{\pi d^4}{64} \tag{8-12}$$

对图8-18c)中外径为D、内外径之比为α的圆环形截面,有：

$$I_z = \frac{\pi D^4}{64}(1 - \alpha^4) \tag{8-13}$$

平行移轴定理反映了截面对一组平行轴的惯性矩的定量关系。设截面面积为A,轴z为形心轴,轴z'与轴z平行,d为两轴之距离,截面关于两轴的惯性矩分别为I_z和I_z'。根据平行移轴定理,可知：

$$I'_z = I_z + Ad^2 \qquad (8\text{-}14)$$

即在一组平行轴中,截面对形心轴的惯性矩为最小值。

在工程中经常会遇到一些形状复杂的截面,这些截面通常可看成是由若干简单截面所组成的。对于这种组合截面,根据静矩和惯性矩的定义,组合截面对某一轴的静矩(或惯性矩)应等于各部分对同一轴的静矩(或惯性矩)之和。

3 任务实施

例 8-2　如图 8-19 所示一 T 字形截面,尺寸如图,试计算该截面对中性轴 z 的惯性矩。

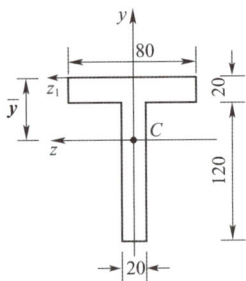

图 8-19　例 8-3 图

解:设截面形心到顶边的距离为 $\bar{y}$,取顶边轴 z_1 作参考轴。截面由两个矩形组合而成,其面积和形心坐标分别为:

$$A_1 = 80 \times 20 = 1600 (\text{mm}^2),\ y_1 = 10 (\text{mm})$$
$$A_1 = 120 \times 20 = 2400 (\text{mm}^2),\ y_2 = 80 (\text{mm})$$

由此计算出整个截面的中性轴 z 的位置:

$$\bar{y} = \frac{\sum A_i y_i}{\sum A} = \frac{1600 \times 10 + 2400 \times 80}{1600 + 2400} = 52 (\text{mm})$$

根据惯性矩的平行移轴定理,可求得截面对中性轴 z 的惯性矩:

$$I_z = \frac{80 \times 20^3}{12} + 1600 \times (10 - 52)^2 + \frac{20 \times 120^3}{12} + 2400 \times (80 - 52)^2$$
$$= 7.64 \times 10^6 (\text{mm}^4) = 7.64 \times 10^{-6} (\text{m}^4)$$

例 8-3　如图 8-20a) 所示一外伸梁,截面形状和尺寸同例 8-3。梁承受均布载荷,集度 $q = 10\text{kN/m}$。试求梁内的最大拉应力和压应力。

图 8-20　例 8-4 图

解:弯矩如图 8-20b) 所示,截面 D 处弯矩取极值,$M_D = 3.80\text{kN} \cdot \text{m}$;在截面 B 有最大负弯矩,$M_B = -5\text{kN} \cdot \text{m}$。在此两个截面上都有可能出现最大拉应力和压应力。

D 截面的上边缘有最大压应力,下边缘有最大拉应力,即:

$$\sigma^-_{\max} = -\frac{M_D \bar{y}}{I_z} = -\frac{3.8 \times 10^3 \times 52 \times 10^{-3}}{7.64 \times 10^{-6}} = -25.9 (\text{MPa})$$

$$\sigma^+_{\max} = -\frac{M_D (\bar{y} - 140)}{I_z} = \frac{3.8 \times 10^3 \times (140 - 52) \times 10^{-3}}{7.64 \times 10^{-6}} = 43.8 (\text{MPa})$$

B 截面的上边缘有最大拉应力,下边缘有最拉压应力,即:

$$\sigma^+_{\max} = -\frac{M_B \bar{y}}{I_z} = \frac{5 \times 10^3 \times 52 \times 10^{-3}}{7.64 \times 10^{-6}} = 34.0 (\text{MPa})$$

$$\sigma^-_{\max} = -\frac{M_B (\bar{y} - 140)}{I_z} = \frac{5 \times 10^3 \times (140 - 52) \times 10^{-3}}{7.64 \times 10^{-6}} = -57.6 (\text{MPa})$$

因此,梁内的最大拉应力发生在截面 D 的下边缘,其值为 $\sigma^+_{\max} = 43.8\text{MPa}$;最大压应力发生在截面 B 的下边缘,其值为 $\sigma^-_{\max} = -57.6\text{MPa}$。

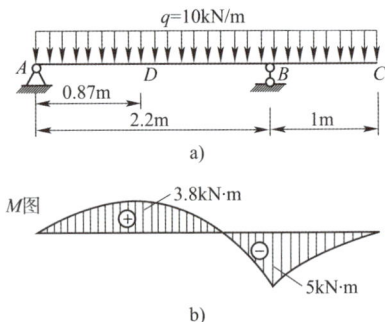

任务三 弯曲时横截面上的切应力

1 任务引入

工程上大多数梁主要承受横向载荷,这时梁横截面上作用有剪力。相应地,横截面上除正应力外,还存在切应力。

研究截面上的切应力分布要比正应力复杂得多。需根据截面具体形状对切应力的分布适当地作出一些假设,然后应用局部平衡的方法,得出近似的公式。下面只介绍等截面直梁在对称弯曲情形下,几种常见截面上切应力的计算公式。

2 相关理论知识

2.1 矩形截面梁的弯曲切应力

如图 8-21a)所示,宽为 b、高为 h 的矩形截面,截面上沿 y 轴作用有剪力 F_S。假设横截面上各点处的切应力的方向均平行于剪力且沿截面宽度均匀分布。可导出横截面上距中性轴为 y 的各点处切应力的近似计算公式:

$$\tau = \frac{F_S S_z^*}{b I_z} \tag{8-15}$$

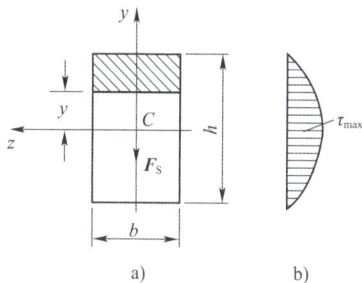

图 8-21 矩形截面上切应力

S_z^* 代表 y 处横线外侧的横截面对中性轴的静矩,对矩形截面:

$$S_z^* = b\left(\frac{h}{4} - y\right)\left(\frac{h}{4} + y\right) = \frac{b}{2}\left(\frac{h^2}{4} - y^2\right)$$

将上式及 $I_z = bh^3/12$ 代入式(8-15),得:

$$\tau = \frac{3F_S}{2bh}\left(1 - \frac{4y^2}{h^2}\right) \tag{8-16}$$

可见,矩形截面梁的弯曲切应力沿截面高度成抛物线分布(图 8-21b)。最大切应力发生在中性轴处($y = 0$):

$$\tau_{max} = \frac{3F_S}{2bh} = 1.5\frac{F_S}{A} \tag{8-17}$$

即最大切应力是平均切应力的 1.5 倍。精确分析表明,当 $h/b \geqslant 2$ 时,此解答的误差极小;当 $h/b = 1$,误差约为 10%。

2.2 工字形截面梁的弯曲切应力

如图 8-22a)所示,工字形截面由上、下两翼缘及中间的腹板组成。由于翼缘和腹板都是狭长矩形,因此可以假设:腹板(或翼缘)上各点的切应力都平行于腹板(或翼缘)侧边,且沿厚度均匀分布。根据上述假设,可导出工字形截面梁的弯曲切应力公式:

$$\tau = \frac{F_S S_z^*}{\delta I_z} \tag{8-18}$$

式中：δ——腹板(或翼缘)的厚度；

S_z^*——y 处横线外侧的横截面(包括腹板和翼缘)。

容易验证，对腹板上各点，S_z^* 也是关于 y 的二次函数，因此腹板上的弯曲切应力沿腹板高度呈抛物线分布，如图 8-22b) 所示。最大切应力同样发生在中性轴上，其值取决于 $S_{z,max}^*/I_z$，对于工字型钢，该比值可直接由型钢表查得。

观察图 8-22b)，腹板上最大切应力和最小切应力相差甚小，当腹板厚度远小于翼缘宽度时，这种现象更为明显。因此，腹板上切应力可近似看成是均匀分布的。

翼缘上的切应力值小于腹板上的切应力。在腹板和翼缘的交接处，切应力分布比较复杂，该处的切应力通常取为按腹板计算的结果，即图 8-22b) 中的 τ_{min}，并以此作为强度校核的依据。

2.3　圆形截面的弯曲切应力

弹性理论分析表明，对图 8-23a) 中的圆截面梁，在与中性轴 z 平行的弦线 mn 上，两端的切应力沿圆周的切线，内部各点的切应力方向并不相同；但是圆截面梁的最大弯曲切应力仍发生在中性轴上，且中性轴上各点的切应力都近似平行于剪力。这样，仍可利用式(8-15)计算截面上的最大弯曲切应力：

$$\tau_{max} = \frac{F_S S_{z,max}^*}{d I_z}$$

式中：d——圆截面的直径；

$S_{z,max}^*$——图 8-23b) 中的半圆形截面对中性轴的静矩，其值为：

$$S_{z,max}^* = \frac{\pi d^2}{8} \times \frac{3d}{2\pi} = \frac{d^3}{12}$$

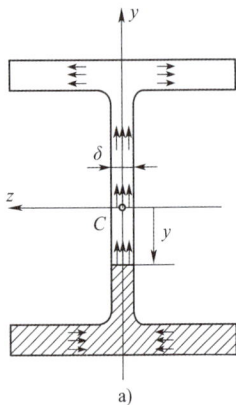

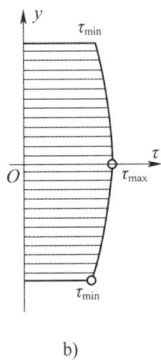

图 8-22　工字形截面切应力

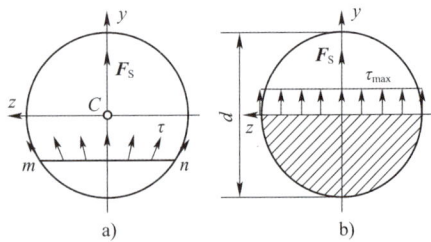

图 8-23　圆截面切应力

由此可得到圆截面梁的最大弯曲切应力：

$$\tau_{max} = \frac{F_S S_{z,max}^*}{d I_z} = \frac{4 F_S}{3 A} \tag{8-19}$$

与精确解相比，式(8-19)的误差约为 4%。

3 任务实施

例 8-4 如图 8-24 所示矩形截面梁,自由端受铅垂载荷 F 作用。试计算梁内的最大弯曲正应力和切应力,并比较其大小。

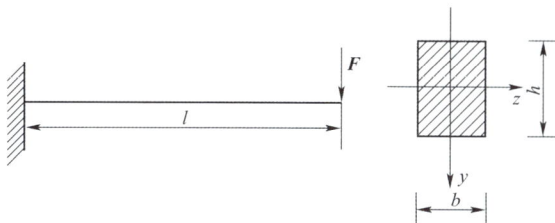

图 8-24 例 8-5 图

解:梁中各截面的剪力均相等,最大弯矩发生在固定端截面处。

$$M_{max} = Pl, \quad F_S = -F$$

根据式(8-8)和式(8-11),梁内的最大弯曲正应力为:

$$\sigma_{max} = \frac{M_{max}}{W_z} = \frac{6Fl}{bh^2}$$

根据式(8-17),梁内的最大弯曲切应力为:

$$\tau_{max} = \frac{3F}{2A} = \frac{3P}{2bh}$$

最大弯曲正应力与最大弯曲切应力的比值为:

$$\frac{\sigma_{max}}{\tau_{max}} = 4\frac{l}{h}$$

因此,对跨度 l 远大于截面高度 h 的细长梁,梁内的最大弯曲正应力远大于最大弯曲切应力。这个结论对细长的非薄壁梁也是成立的,即最大弯曲正应力与最大弯曲切应力比值的数量级约等于梁的跨高比 l/h。

任务四 弯曲强度条件及应用

1 任务引入

在一般情况下,梁内同时存在弯曲正应力和弯曲切应力,因此在研究梁的强度时需要同时考虑这两种应力的强度条件。

2 相关理论知识

2.1 弯曲正应力强度条件

由式(8-7)可知,最大弯曲正应力发生在横截面上离中性轴最远的各点处,而此处的切应力为零或很小。因而可以处理成单向受力状态,建立起弯曲正应力强度条件:

$$\sigma_{max} = \left(\frac{M}{W_z}\right)_{max} \leqslant [\sigma] \tag{8-20}$$

上述强度条件仅适用于许用拉应力 $[\sigma^+]$ 与许用压应力 $[\sigma^-]$ 相同的材料。如果材料的拉压性能不同,如铸铁等脆性材料,则应按拉伸与压缩分别进行强度校核。

由式(8-20)可知,欲提高梁的强度,应提高截面抗弯模量 W_z 或降低梁中最大弯矩。主要措施有:

(1)选用合理的截面形状。合理的截面形状,能够用较小的截面面积而获得较大的截面抗弯模量。为此,应尽可能将材料布置在远离中性轴的位置,以获得更大的惯性矩形或截面抗弯模量。此外,设计截面形状时,还应考虑材料的特性。例如,对抗拉强度低于抗压强度的脆性材料,最好将中性轴设计成偏于截面的受拉区域,使得拉、压应力的最大值同时接近其许用值。

(2)合理安排梁的约束与加载方式。合理地安排结构的约束位置和载荷施加方式,能在很大程度上降低最大弯矩值。例如,图 8-25a)所示的承受均布载荷的梁中最大弯矩值为 $ql^2/8$。若结构允许,将两端的约束各向内移动 $0.2l$(图 8-25b),则最大弯矩值为 $ql^2/40$,仅为前者的 $1/5$。还可以通过改变加载方式,例如将集中载荷 $F = ql$ 图 8-26a)换成分布载荷(图 8-25a),以及将梁制成静不定梁,对于提高梁强度都会起到显著作用。

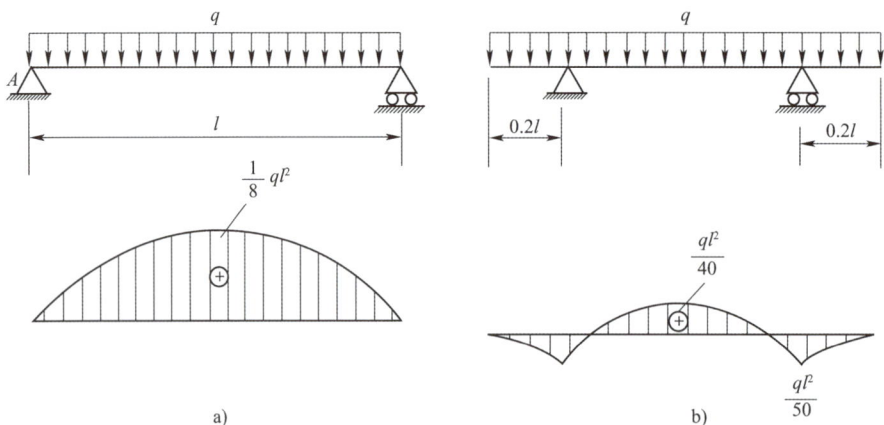

图 8-25　约束方式对弯矩的影响

2.2　弯曲切应力强度条件

弯曲切应力的最大值通常发生在中性轴上各点处,而此处正应力为零,是纯剪切应力状态,相应的弯曲切应力强度条件:

$$\tau_{max} = \left(\frac{F_S S_{z,max}^*}{I_z d} \right)_{max} \leqslant [\tau] \tag{8-21}$$

式中:$S_{z,max}^*$——中性轴一侧截面的静矩;

　　　d——矩形截面宽度或工字形截面腹板厚度或圆截面径。

例 8-4 指出,对细长的非薄壁梁,弯曲正应力是主要因素,通常只需要按弯曲正应力进行强度校核即可;而对短粗梁和薄壁梁,还应考虑弯曲切应力强度条件。还应指出,对某些截面上的特定点,如工字形截面梁的腹板和翼缘的交界处,弯曲正应力和弯曲切应力都具有相当大的数值;当梁同时承担多种载荷时也会出现这种情况。而基于单向应力状态建立强度条件式(8-20)和式(8-21),将不再适用在正应力和切应力联合作用下的强度问题。

❸ 任务实施

例 8-5 如图 8-26a) 所示简支梁用工字钢制成。若负载 $F = 25$kN,$l = 6$m,$[\sigma] = 160$MPa。试选择工字钢型号。

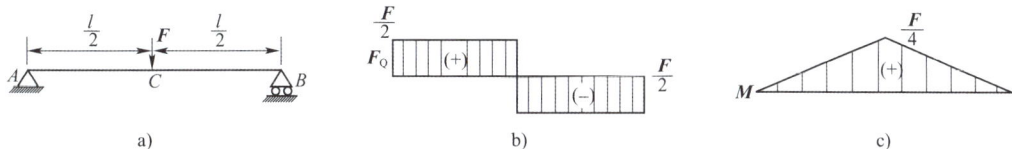

图 8-26 例 8-6 图

解:图 8-26b) 和 c) 分别是梁的剪力图和弯矩图。梁内最大弯矩为 $M_{max} = 0.25Fl$,按正应力条件选择截面:

$$\sigma_{max} = \left(\frac{M}{W_z}\right)_{max} = \frac{M_{max}}{W_z} \leqslant [\sigma]$$

由此可得截面抗弯模量 W_z:

$$W_z \geqslant \frac{M_{max}}{[\sigma]} = \frac{0.25 \times 25 \times 10^3 \times 6}{160 \times 10^6} = 2.34 \times 10^{-4} (\text{m}^3) = 234 (\text{cm}^3)$$

查型钢表可知,20a 工字钢的 $W_z = 236$ cm³,故选择 20a 工字钢。

例 8-6 在例 8-5 中,设材料的许用切应力是 $[\tau] = 80$MPa,试校核例 8-5 中所选定的工字钢的剪切强度。

解:图 8-26b) 是梁的剪力图,梁内最大剪力为 $F_{S,max} = 0.5F$,例 8-5 已根据弯曲正应力强度条件选定 20a 工字钢。根据型钢表,对 20a 工字钢:

$$I_z / S_{z,max}^* = 17.2 (\text{cm}), d = 7 (\text{cm})$$

按弯曲切应力强度条件 20a 工字钢的剪切强度:

$$\tau_{max} = \frac{F_{S,max} S_{z,max}^*}{I_z d} = \frac{12.5 \times 10^3}{1.72 \times 10^{-1} \times 7 \times 10^{-3}} = 10.38 (\text{MPa}) \leqslant [\tau]$$

可见,选择 20a 工字钢作梁,将同时满足弯曲正应力和弯曲切应力强度条件。

任务五 梁的弯曲变形

❶ 任务引入

在解决了梁横截面上应力分布及梁的强度问题之后,现研究梁的变形。此处主要研究梁在对称弯曲下由弯矩引起的变形。可以证明,剪力对细长梁的变形可忽略不计。

❷ 相关理论知识

2.1 挠曲线近似微分方程

梁变形的主要特征是梁轴线变成了曲线,该曲线称为挠曲线。在发生对称弯曲时,挠曲线与外力的作用平面重合或平行,是一条光滑平坦的平面曲线。

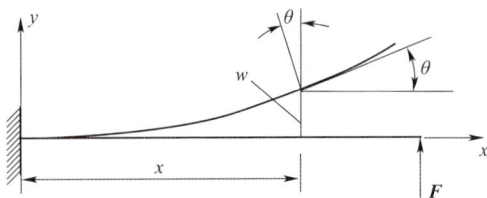

图 8-27 挠度和转角

如图 8-27 所示，沿变形前的梁轴线选取 x 轴，竖直向上为 y 轴。梁横截面的形心沿 y 轴的横向线位移，称为横截面的挠度，表示为 w。任一截面的挠度 w 是截面位置 x 的函数，称为挠曲线方程：

$$w = f(x) \tag{8-22}$$

根据平面假设，横截面变形后仍然保持平面，且仍垂直于变形后的轴线。因此，任一横截面的转角就是该处挠曲线的切线与 x 轴的夹角，以 θ 表示。在小变形假设下：

$$\theta \approx \tan\theta = \frac{\mathrm{d}f(x)}{\mathrm{d}x} = w'(x) \tag{8-23}$$

式(8-23)就是转角方程。在工程实际中，梁的转角一般不会超过 0.0175 弧度或 1°，所以式(8-23)完全能满足工程上的要求。

应当指出，梁轴线弯成曲线后，在 x 方向也会产生轴向变形。但细长梁在小变形条件下，其轴向变形与挠度相比属于高阶微量，一般可略去不计。

在研究梁横截面上的正应力分布时，已得到纯弯曲状态下用中性层曲率表示的弯曲变形公式：

$$\frac{1}{\rho} = \frac{M}{EI_z}$$

如果忽略剪力对变形的影响，上式也适用于一般非纯弯曲。

在小变形条件下，梁的转角 $\theta = v'$ 很小，因此曲率 $1/\rho$ 可近似为：

$$\frac{1}{\rho} \approx w''(x) \tag{8-24}$$

将式(8-24)带入已得到纯弯曲状态下用中性层曲率表示的弯曲变形公式，即可得到挠曲线近似微分方程

$$w''(x) = \frac{M}{EI_z} \tag{8-25}$$

式(8-25)适用于对称弯曲梁，且在线弹性范围和小变形的条件下适用。

2.2 积分法求挠曲线及转角方程

将挠曲线近似微分方程(8-25)积分两次，即可得转角方程和挠度方程：

$$\theta(x) = \int \frac{M}{EI}\mathrm{d}x + C \tag{8-26}$$

$$w(x) = \int\left(\int \frac{M}{EI}\mathrm{d}x\right)\mathrm{d}x + Cx + D \tag{8-27}$$

式(8-26)和式(8-27)中，C、D 为积分常数，可利用梁的位移边界条件来确定。例如，在固定端处，横截面的挠度和转角均为零；在铰链支座处，横截面处的挠度为零。若梁的弯矩方程为分段函数，则应对式(8-25)分段积分，此时将出现多对积分常数。为确定这些常数，除利用位移边界条件外，还应利用在相邻梁的交接处挠度和转角的连续性条件。

3 任务实施

例 8-7 如图 8-28a)所示一长为 l、抗弯刚度为 EI 的悬壁梁,在自由端受矩为 M 的集中力偶作用,试求此梁的挠度方程为转角方程,并确定其最大挠度和转角。

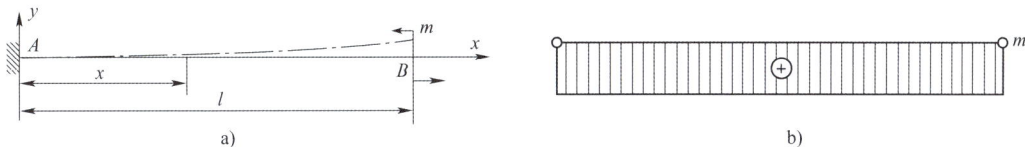

图 8-28　例 8-8 图

解:如图 8-28 所示建立坐标系,容易得出任意截面上的弯矩为:

$$M(x) = m$$

带入式(8-25),得挠曲线近似微分方程:

$$w''(x) = \frac{m}{EI_z}$$

将上述方程积分两次,得:

$$\theta(x) = w' = \frac{m}{EI}x + C \qquad (a)$$

$$w(x) = \frac{m}{2EI}x^2 + Cx + D \qquad (b)$$

如前所述,悬臂梁的位移边界条件是固定端处的挠度和转角都等于零,即 $w(0) = w'(0) = 0$。将上述边界条件应用于式(a)和式(b),得:

$$C = 0 \quad D = 0$$

由此得到自由端受集中力偶作用的悬臂梁的转角方程:

$$\theta(x) = \frac{m}{EI}x \qquad (c)$$

以及挠曲线方程:

$$w(x) = \frac{m}{2EI}x^2 \qquad (d)$$

此梁的最大挠度和转角均发生在自由端截面 B 即 $x = l$ 处,分别为:

$$\theta_{max} = \frac{ml}{EI}, w_{max} = \frac{ml^2}{2EI}$$

例 8-8 如图 8-29 所示一长为 l 的简支梁,抗弯刚度为 EI,受集中力 F 作用,试确定挠曲线及转角方程。

解:由梁的平衡方程可求得铰链 A 的约束力:

$$F_A = \frac{Fb}{l}$$

分段列出 AC 段和 CB 段的弯矩方程。AC 段弯矩方程 $M_1(x)$ 为:

$$M_1(x) = \frac{Fb}{l}x \qquad (0 \leqslant x \leqslant a)$$

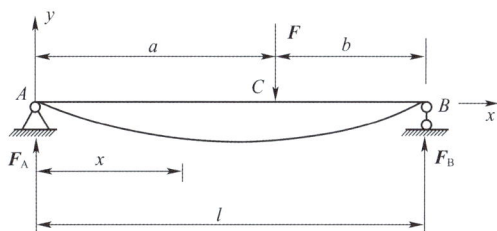

图 8-29　例 8-9 图

CB 段的弯矩方程 $M_2(x)$ 为：

$$M_2(x) = \frac{Fb}{l}x - F(x-a) \qquad (a \leqslant x \leqslant l)$$

分别积分后得到 AC 段和 CB 段的转角方程 $\theta_1(x)$、$\theta_2(x)$ 和挠曲线方程 $w_1(x)$、$w_2(x)$：

$$\begin{cases} \theta_1(x) = \int \dfrac{M_1(x)}{EI}\mathrm{d}x = \dfrac{Fb}{2EIl}x^2 + C_1 \\[3mm] w_1(x) = \int \theta_1(x)\mathrm{d}x = \dfrac{Fb}{6EIl}x^3 + C_1x + D_1 \end{cases} (0 \leqslant x \leqslant a)$$

$$\begin{cases} \theta_2(x) = \int \dfrac{M_2(x)}{EI}\mathrm{d}x = \dfrac{Fb}{2EIl}x^2 - \dfrac{F}{2EI}(x-a)^2 + C_2 \\[3mm] w_1(x) = \int \theta_2(x)\mathrm{d}x = \dfrac{Fb}{6EIl}x^3 - \dfrac{F}{6EI}(x-a)^3 + C_2x + D_2 \end{cases} (a \leqslant x \leqslant l)$$

梁在 C 处的转角及挠度连续，即 $x=a$ 时，$\theta_1(a) = \theta_2(a)$，$w_1(a) = w_2(a)$。带入 AC 段和 CB 段的转角及挠曲线方程，有：

$$C_1 = C_2, D_1 = D_2$$

梁 A、B 两端均为铰链约束，其边界条件为 $w_1(0) = w_2(l) = 0$，由此可得到：

$$D_1 = D_2 = 0, C_1 = C_2 = -\frac{Fb}{6lEI}(l^2 - b^2)$$

由此不难写出 AC 段和 CB 段的转角及挠曲线方程：

$$\begin{cases} \theta_1(x) = \dfrac{Fb}{6EIl}(3x^2 - l^2 + b^2) \\[3mm] w_1(x) = \dfrac{Fbx}{6EIl}(x^2 - l^2 + b^2) \end{cases} (0 \leqslant x \leqslant a)$$

$$\begin{cases} \theta_2(x) = \dfrac{Fb}{2EIl}x^2 - \dfrac{F}{2EI}(x-a)^2 - \dfrac{Fb}{6EIl}(l^2 - a^2) \\[3mm] w_1(x) = \dfrac{Fa(l-x)}{6EIl}(x^2 + a^2 - 2lx) \end{cases} (a \leqslant x \leqslant l)$$

可以证明，最大挠度发生在 $x_0 = \sqrt{\dfrac{a(a+2b)}{3}}$ 截面处，其值为 $w_{max} = -\dfrac{Fb}{9\sqrt{3}EIl}\sqrt{(l^2 - b^2)^3}$。当集中力 F 作用在梁中点时，即 $a = b = 0.5l$，显然最大挠度发生在中点处，其值为：

$$w_{max} = -\frac{Fl^3}{48EI}$$

此时最大转角在 A、B 截面处：

$$\theta_{max} = -\theta_A = \theta_B = \frac{Fl^2}{26EI}$$

转角 θ_A 为负，表示 A 截面处的转角是顺时针的；w_{max} 为负，表示挠度向下。

对分别受集中力 F、集中力偶 M 及均布载荷 q 作用的简支梁或悬臂梁，其挠曲线方程及端截面转角和最大挠度列于表8-1。

梁 的 简 图	挠曲线方程	端截面转角和最大挠度
	$w = -\dfrac{Mx^2}{2EI}$	$\theta_B = -\dfrac{Ml}{EI}$ $w_B = -\dfrac{Ml^2}{2EI}$
	$w = -\dfrac{Fx^2}{6EI}(3l - x)$	$\theta_B = -\dfrac{Fl}{2EI}$ $w_B = -\dfrac{Ml^3}{3EI}$
	$w = -\dfrac{qx^2}{2AEI}(x^2 - 4lx + 6l^2)$	$\theta_B = -\dfrac{ql^3}{6EI}$ $w_B = -\dfrac{ql^4}{8EI}$
	$w = -\dfrac{Mx^2}{6EI}(l^2 - x^2)$	$\theta_A = -\dfrac{Ml}{6EI}, \theta_B = \dfrac{Ml}{3EI}$ $w_{max} = -\dfrac{Ml^2}{9\sqrt{3}EI}\left(x = \dfrac{\sqrt{3}}{3}l\right)$ $w_{1/2} = \dfrac{Ml^2}{16EI}$
	$w = -\dfrac{Fbx}{6En}(l^2 - x^2 + b^2)$ $(0 \leqslant x \leqslant a)$ $w = -\dfrac{Fb}{6En}\left[\dfrac{b}{l}(x-a)^3 + (l^2 - b^2)x - x^3\right]$ $(a \leqslant x \leqslant l)$	$\theta_A = -\dfrac{Fab(l+b)}{6En}$ $\theta_B = \dfrac{F_a b(l+a)}{6En}$ $w_{1/2} = -\dfrac{Fb(3l^2 - 4b^2)}{48EI}(a > b)$
	$w = -\dfrac{qz}{24EI}(l^3 - 2lx^2 + x^2)$	$\theta_A = -\theta_B = -\dfrac{ql^3}{24EI}$ $w_{max} = -\dfrac{5ql^4}{348EI}\left(x = \dfrac{1}{2}\right)$

3.1 叠加法求弯曲变形

如前所述,在小变形条件下,当梁内应力不超过材料的比例极限时,挠曲线近似微分方程式(8-25)是一个线性微分方程,因此可应用叠加法来求解梁的变形。即梁在几项载荷同时作用下,任一横截面的挠度和转角,等于各载荷单独作用时在该截面处引起的挠度和转角之和。

例 8-9 简支梁抗弯刚度为 EI，受力如图示 8-30a)所示，试用叠加法求截面 A 的转角。

解：如图 8-30b)所示，在分布载荷 q 单独作用下，截面 A 转角由表 8-1 查得：

$$(\theta_A)_q = -\frac{ql^3}{24EI}$$

在集中力偶 M_0 单独作用下，截面 A 转角为：

$$(\theta_A)_M = -\frac{M_0 l}{3EI}$$

叠加以上结果，即得到在 q 和 M_0 共同作用下截面 A 的转角：

$$\theta_A = (\theta_A)_q + (\theta_A)_M = -\frac{ql^3}{24EI} + \frac{M_0 l}{3EI}$$

例 8-10 如图 8-31a)所示意外伸梁，自由端受集中载荷 F 作用，试求自由端 C 的挠度。已知抗弯刚度 EI 为常数。

解：如图 8-31b)所示，可将该梁看作是由简支梁 AB 与固定在横截面 B 的悬臂梁 BC 组成。当简支梁 AB 与悬臂梁 BC 变形时，均在截面 C 引起挠度，而此二挠度的代数和，即为该截面的总挠度 w_C。

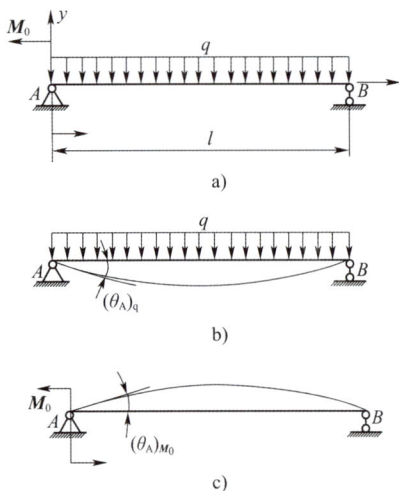

图 8-30 例 8-10 图

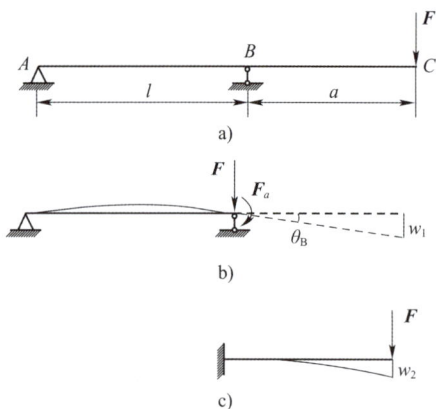

图 8-31 例 8-11 图

将载荷 F 平移到截面 B，得到作用在该截面的集中力 F 与矩为 Fa，于是得到截面 B 的转角为：

$$\theta_B = -\frac{Fal}{3EI}$$

并由此得截面 C 的相应挠度为：

$$w_1 = \theta_B a = -\frac{Fla^2}{3EI}$$

如图 8-31c)所示，在载荷 F 作用下，悬臂梁 BC 的端点挠度为：

$$w_2 = -\frac{Fa^3}{3EI}$$

由此可见，截面 C 的总挠度为：

$$w_C = w_1 + w_2 = \frac{Fa^2}{3EI}(l + a)$$

叠加法不仅可以用来计算梁的位移，也可以用来计算梁的约束力、内力和应力；它不仅可用于梁，也可用于拉（压）杆、轴和其他结构。只要在分析中材料处于小变形下的线弹性状态，则可应用叠加法计算各类力学响应。

复习与思考题

1. 在求解截面的剪力和弯矩时，可考虑选择左段或右段的平衡，其计算结果是否相同？为什么？

2. 为什么要绘制梁的剪力图和弯矩图？如何检查其正确性？

3. 什么是纯弯曲？推导纯弯曲正应力公式时采用了哪些基本假设？

4. 什么是中性轴？中性轴为什么一定要通过截面形心？

5. 什么是横力弯曲？

6. 什么情况下需要校核梁的弯曲切应力？

7. 什么是梁的挠度和转角？

8. 试计算下列各梁（图 8-32）指定横截面的剪力和弯矩。

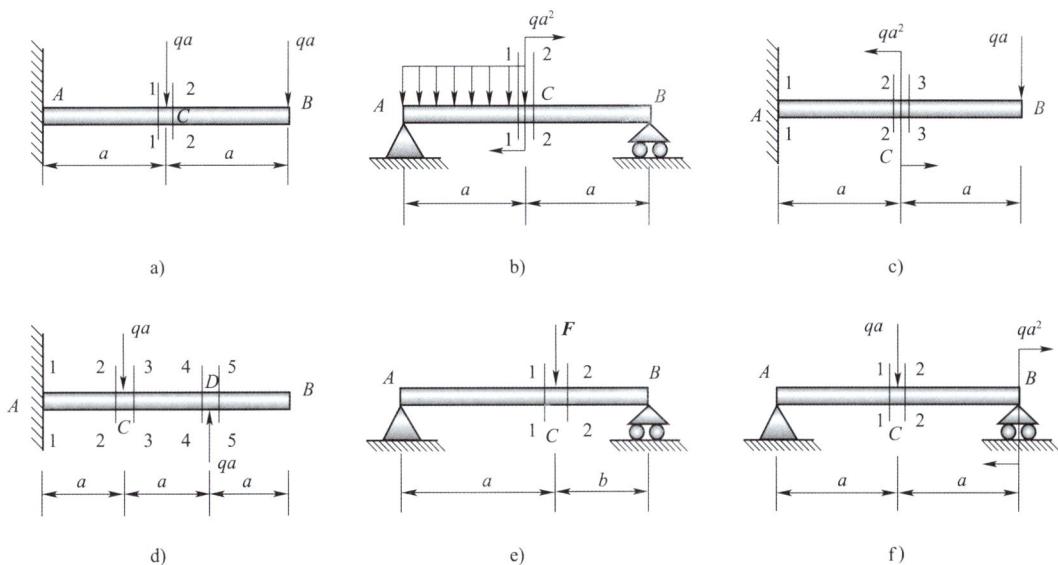

图 8-32　题 8 图

9. 试列出下列各梁（图 8-33）的剪力及弯矩方程，作剪力图及弯矩图并求出 $|F_S|_{max}$ 及 $|M|_{max}$。

10. 试利用弯矩、剪力和载荷集度间的微分关系作下列各梁（图 8-34）的剪力图和弯矩图。

11. 试计算下列各截面图形（图 8-35）对 z 轴的惯性矩 I_z（mm）。

12. 悬臂梁受力及截面尺寸如图 8-36 所示。设 $q = 60\text{kN/m}$，$F = 100\text{kN}$。试求：

（1）梁1—1截面上A、B两点的正应力。

（2）整个梁横截面上的最大正应力和最大切应力。

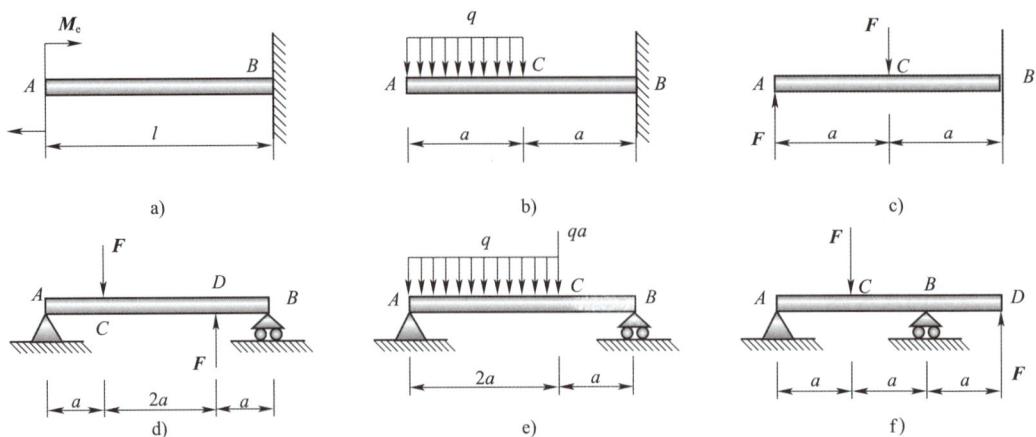

图 8-33　题 9 图

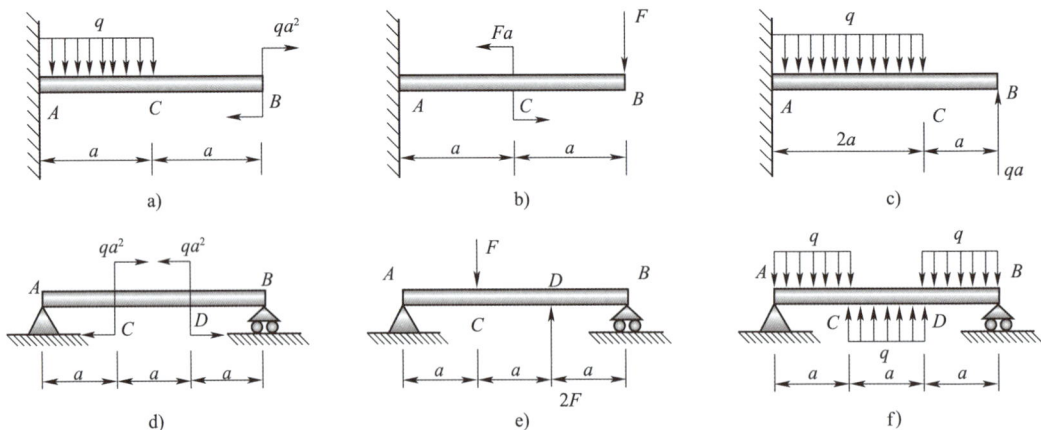

图 8-34　题 10 图

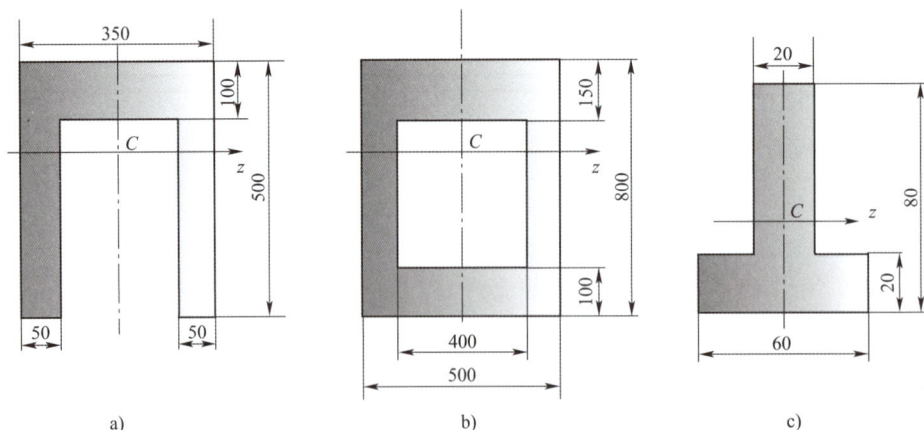

图 8-35　题 11 图

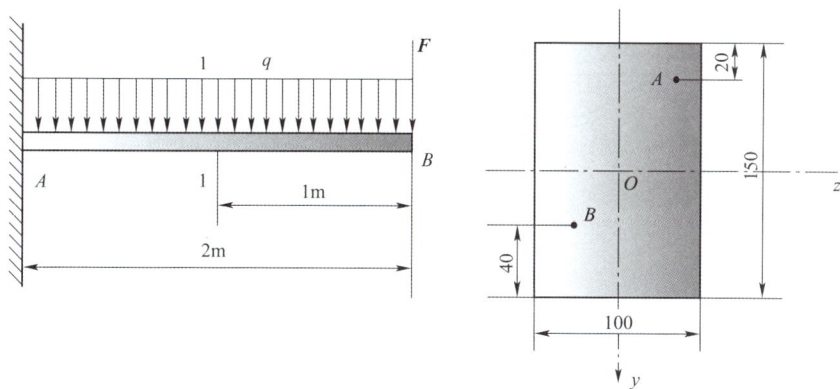

图 8-36 题 12 图

13. 简支梁受力如图 8-37 所示。梁为圆截面,其直径 $d=40mm$,求梁横截面上的最大正应力和最大切应力。

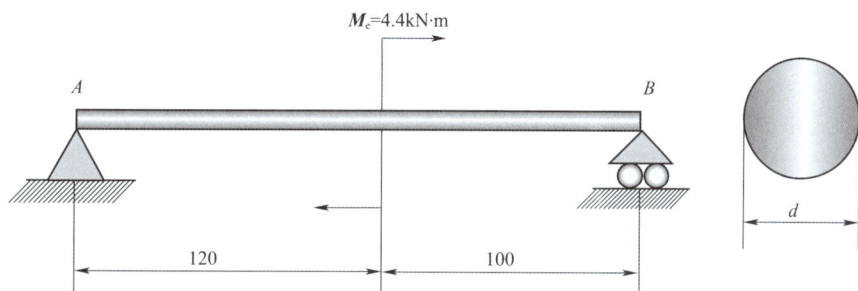

图 8-37 题 13 图

14. 空心管梁受载如图 8-38 所示。已知管的外径 $D=60mm$,内径 $d=38mm$,管材的许用应力 $[\sigma]=150MPa$,试校核此梁的强度。

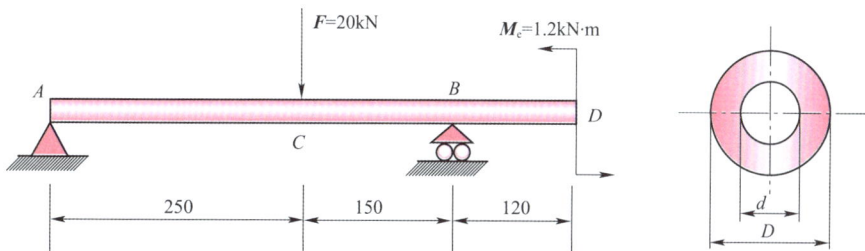

图 8-38 题 14 图

15. 单梁桥式吊车如图 8-39 所示,梁为 28b 工字钢制成,电葫芦和起重量总重 $F=30kN$,材料的许用正应力 $[\sigma]=140MPa$,许用切应力 $[\tau]=100MPa$,试校核梁的强度。

16. 外伸梁受力如图 8-40 所示,已知: $F=20kN$, $[\sigma]=160MPa$, $[\tau]=90MPa$,试选择工字钢的型号。

17. 矩形截面梁如图 8-41 所示。已知: $F=2kN$,横截面的高宽比 $h/b=3$;材料的许用应力 $[\sigma]=8MPa$,试选择横截面的尺寸。

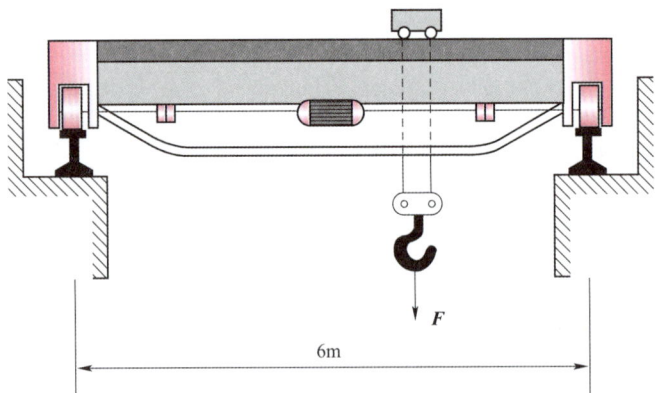

图 8-39　题 15 图

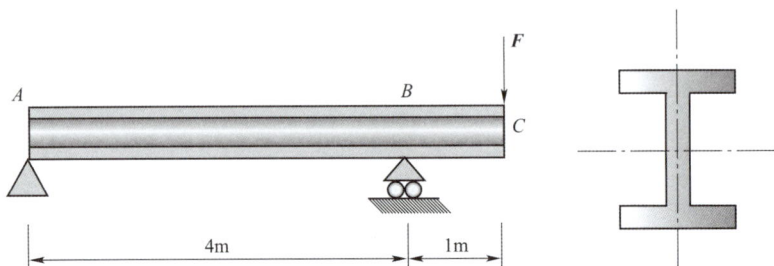

图 8-40　题 16 图

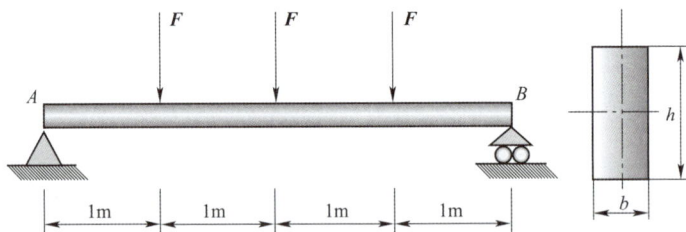

图 8-41　题 17 图

18. 如图 8-42 所示,受均布载荷的外伸梁,梁为 18 工字钢制成,许用应力 $[\sigma]=160\mathrm{MPa}$,试求许可载荷。

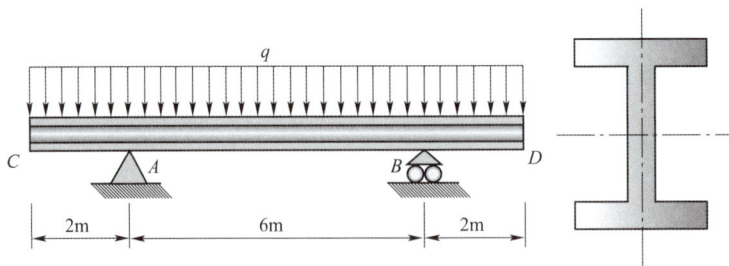

图 8-42　题 18 图

项目九

强度理论和组合变形

Chapter 9

概　　述

在工程中,当构件内的点处于复杂应力状态时,理想的情况应该是仿照构件的实际受力情况,通过试验测得各个主应力或某种组合所达到的极限值,然后建立相应的强度条件。但是,因实际构件内各种应力组合的种数是无穷的,企图通过试验测得相应的应力极限值,由于装置的复杂和试验的繁多,是不可能实现的。因此,只能采用判断推理的方法,提出一些假说,推测在复杂应力状态下材料破坏的原因,从而建立强度条件。

这种假说认为:材料在外力作用下的破坏原因主要有两种类型,脆性断裂和屈服破坏。同一类型的破坏是由同样因素引起的。按照这种假说,不论是简单应力状态,还是复杂应力状态,只要破坏的类型相同,都是由同一个因素引起的,于是就可以利用轴向拉伸试验所获得的σ_s或σ_b值建立复杂应力状态下的强度条件。这种假说称为强度条件。

任务一　四种常用强度理论

1 任务引入

轴向拉伸(压缩)强度条件中的许用应力是由材料的屈服极限或强度极限除以安全系数而得的,材料的屈服极限或强度极限可直接由试验测定。杆件受到轴向拉压时,杆内处于单向应力状态,因此单向应力状态下的强度条件只需要做拉伸或压缩试验便可解决。

但工程上受力构件很多属于复杂应力状态,要通过试验建立强度条件几乎是不可能的,于是人们考虑,能否从简单应力状态下的试验结果去建立复杂应力状态的强度条件?为此,人们对材料发生屈服和断裂两种破坏形式进行研究,提出了材料在不同应力状态下产生某种形式破坏的共同原因的各种假设,这些假设称为强度理论。根据这些假设,就有可能利用单向拉伸的试验结果,建立复杂应力状态下的强度条件。

2 相关理论知识

2.1 应力状态的概念

前面章节分析过,直杆发生轴向拉伸或压缩时,任一斜截面上的应力σ、τ随斜截面倾角α的变化而有不同的数值,通过杆件上某一点可以作无数个不同方位的截面,因此杆件上某一点处不同截面上的应力也随所取截面的方位而变化,在其他变形中也同样存在这种情况,过受力构件内某点各方向的应力状况的总和称为该点的应力状态。

如果单元体的某一个面上只有正应力分量而无剪应力分量,则这个面称为主平面,主平面上的正应力称为主应力。可以证明,在受力构件内的任意点上总可以找到三个互相垂直的主平面,因此总存在三个互相垂直的主应力,通常用 σ_1、σ_2、σ_3 表示三个主应力,而且按代数值大小排列,即 $\sigma_1 > \sigma_2 > \sigma_3$。根据主应力的情况,应力状态可分为三种:

(1)三个主应力中只有一个不等于零,这种应力状态称为单向应力状态。例如,轴向拉伸或压缩杆件内任一点的应力状态就属于单向应力状态。如图 9-1 所示,桁架中受拉杆 BC 中 D 点的应力状态为单向应力状态。

(2)三个主应力中有两个不等于零,这种应力状态称为二向应力状态。例如,如图 9-2 所示,圆柱形薄壁压力容器筒壁上一点处的应力状态就属于二向应力状态。

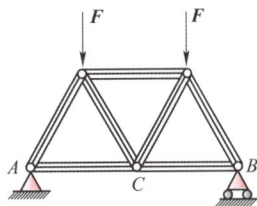
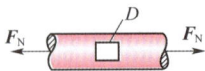
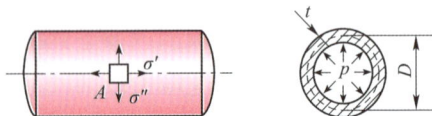
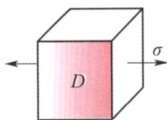
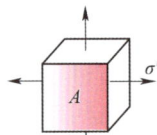

图 9-1　单向应力状态　　　　　　　　图 9-2　二向应力状态

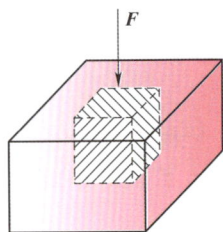
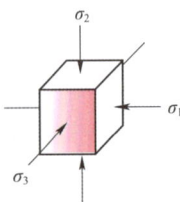

图 9-3　三向应力状态

(3)三个主应力均不等于零,这种应力状态称为三向应力状态。如图 9-3 所示,模锻零件内任一点的应力状态,钢轨受到机车车轮、滚珠轴承受到滚珠压力作用点处,还有建筑物中基础内的一点均属于三向应力状态。

单向应力状态也称为简单应力状态,它与二向应力状态统称为平面应力状态;三向应力状态也称为空间应力状态。有时把二向应力状态和三向应力状态统称为复杂应力状态。

2.2　四个强度理论

目前常用的强度理论,按提出的先后顺序,习惯上称为第一、二、三、四强度理论。

(1)第一强度理论(最大拉应力理论)。

这一理论是人们根据早期使用的脆性材料已被拉断而提出的。17 世纪,著名科学家伽利略提出了这一理论。该理论认为:材料的断裂破坏取决于最大拉应力,即不论材料处于什么应力状态,当三个主应力中的主应力 σ_1 达到单向应力状态破坏时的正应力时,材料便发生断裂破坏。相应的强度条件:

$$\sigma_1 \leqslant [\sigma] \tag{9-1}$$

式中：$[\sigma]$——材料轴向拉伸时的许用应力。

试验证明，该理论只对少数脆性材料受拉伸的情况适合，对别的材料和其他受力情况不甚可靠。

（2）第二强度理论（最大正应变理论）。

该理论是 1682 年由马里奥特（E. Mariotte）提出的。该理论认为：材料的断裂破坏取决于最大正应变，即不论材料处于什么应力状态，当三个主应变（沿主应力方向的应变称为主应变，记作 ε_1、ε_2、ε_3）中的主应变 ε_1 达到单向应力状态破坏时的正应变时，材料便发生断裂破坏。相应的强度条件：

$$\varepsilon_1 \leq [\varepsilon]$$

用正应力形式表示，第二强度理论的强度条件是：

$$\sigma_1 - \gamma(\sigma_2 + \sigma_3) \leq [\sigma] \tag{9-2}$$

该理论与少数脆性材料试验结果相符，对于具有一拉一压主应力的二向应力状态，试验结果也与此理论计算结果相近；但对塑性材料，则不能被试验结果所证明。该结论适用范围较小，目前已很少采用。

（3）第三强度理论（最大剪应力理论）。

该理论是由库仑（C. A. Coulomb）在 1773 年提出的。该理论认为：材料的破坏取决于最大剪应力，即不论材料处于什么应力状态，当最大剪应力达到单向应力状态破坏时的最大剪应力，材料便发生破坏。相应的强度条件是：

$$\tau_{\max} \leq [\tau]$$

用正应力形式表示，第三强度理论的强度条件是：

$$\sigma_1 - \sigma_3 \leq [\sigma] \tag{9-3}$$

试验证明，该理论对塑性材料较为符合，而且偏于安全。但对三相受拉应力状态下材料发生破坏，该理论无法解释。

（4）第四强度理论（能量强度理论）。

该理论最早是由贝尔特拉密（E. Beltrami）于 1885 年提出的，但未被试验所证实，后于 1904 年由波兰力学家胡勃（M. T. Huber）修改。该理论认为：材料的破坏取决于形状改变比能，即不论材料处于什么应力状态，当形状改变比能达到单向应力状态破坏时的形状改变比能，材料便发生破坏。用正应力形式表示，第四强度理论的强度条件是：

$$\sqrt{\frac{1}{2}\left[(\sigma_1-\sigma_2)^2+(\sigma_2-\sigma_3)^2+(\sigma_3-\sigma_1)^2\right]} \leq [\sigma] \tag{9-4}$$

试验证明，对许多塑性材料，该理论与试验情况很相符。但按该理论，在三向受拉时，材料不会发生破坏，这与实际不相符。可将式（9-1）、式（9-2）、式（9-3）、式（9-4）四个强度条件写成统一形式：

$$\sigma_{xdn} \leq [\sigma] \tag{9-5}$$

式中的 σ_{xdn} 称为相当应力，下脚标 n 表示第几强度理论，因此：

$$\left.\begin{array}{l} \sigma_{xd1} = \sigma_1 \\ \sigma_{xd1} = \sigma_1 - \nu(\sigma_2 + \sigma_3) \\ \sigma_{xd3} = \sigma_1 - \sigma_3 \\ \sigma_{xd4} = \sqrt{\dfrac{1}{2}\left[(\sigma_1-\sigma_2)^2+(\sigma_2+\sigma_3)^2+(\sigma_3+\sigma_1)^2\right]} \end{array}\right\} \tag{9-6}$$

除以上四个强度理论外,在工程地质与土力学中还经常用到"莫尔强度理论"。该理论的详细论述参见有关书籍,这里不作具体介绍。

③ 任务实施

例 9-1 一铸铁零件,在危险点处的应力状态主应力 $\sigma_1 = 24\text{MPa}$, $\sigma_2 = 0$, $\sigma_3 = -36\text{MPa}$。已知材料的 $[\sigma_t] = 35\text{MPa}$, $\mu = 0.25$,试校核其强度。

解: 因为铸铁是脆性材料,因此选用第二强度理论,其相当应力:

$$\sigma_{xd2} = \sigma_1 - \gamma(\sigma_2 + \sigma_3) = 24 - 0.25 \times (0 - 36) = 33\text{MPa} < [\sigma_t] = 35\text{MPa}$$

所以零件是安全的。

如果选用第三强度理论,其相当应力:

$$\sigma_{xd3} = \sigma_1 - \sigma_3 = 24 - (-36) = 60\text{MPa} > [\sigma_t] = 35\text{MPa}$$

即按第三强度理论计算,零件不安全,但实际是安全的,这是因为铸铁属脆性材料,不适合于应用第三强度理论。

任务二 组合变形的分析方法和强度计算

① 任务引入

前面的项目中分别介绍了轴向拉伸和压缩、剪切和挤压、扭转、弯曲四种基本变形。工程实际中,许多杆件常常发生组合变形。

② 相关理论知识

(1)组合变形:工程实际中有些构件的受力情况比较复杂,往往会同时发生两种及以上的基本变形的组合,由两种或两种以上的基本变形组合而成的变形形式称为组合。

(2)组合变形实例:如图 9-4 所示,其中图 9-4a)所示的烟囱,除因自重而引起的轴向压缩外,还有因水平方向风力作用而产生的弯曲变形,图 9-4b)、c)所示的挡土墙和厂房立柱也属

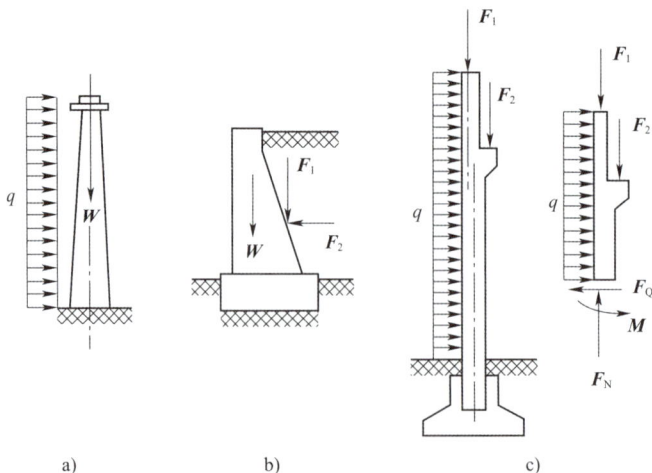

图 9-4 烟囱的受力图

于压缩与弯曲的组合变形;图9-5所示为电动机轴驱动一皮带轮传动,电动机轴承受的是弯曲和扭转的组合变形。

（3）组合变形时应力与应变计算的方法:在线弹性范围内小变形条件下,各个基本变形所引起的应力和变形是各自独立的,可分别计算每组载荷作用下产生的一种基本变形,再计算构件在基本变形下的应力,最后将基本变形的应力叠加,进而得到构件在组合变形时的应力。之后,分析构件危险点处的应力状态,用相应的强度条件公式进行计算。

构件组合变形有多种形式,下面主要介绍工程中常见的两种组合变形,即拉压与弯曲组合、弯曲和扭转组合变形的强度计算。

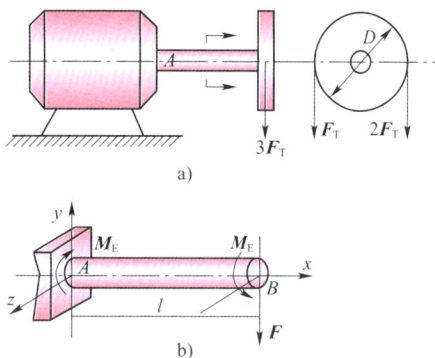

图9-5 电动机传动

3 任务实施

3.1 拉(压)与弯曲组合变形强度计算

3.1.1 拉(压)弯组合变形的应力分析

拉压变形与弯曲变形的组合是工程中常见的变形形式。以图9-6所示矩形悬臂梁为例,说明其组合变形的强度计算方法。

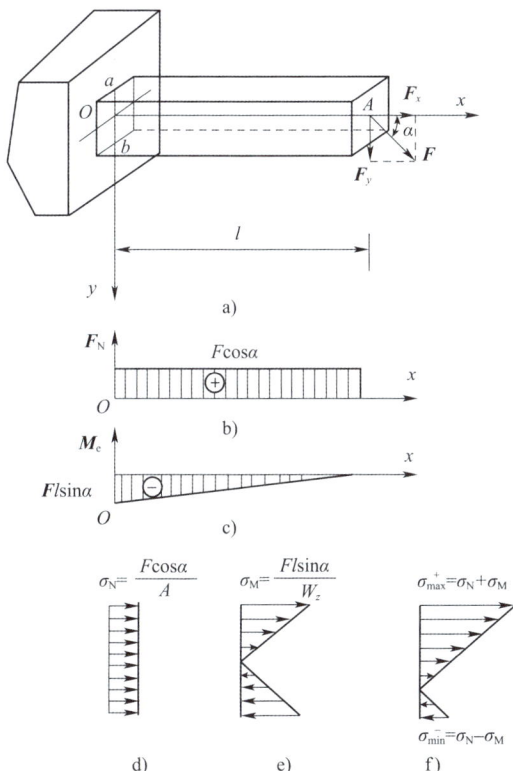

图9-6 矩形悬臂梁

（1）外力分析。在自由端受力 F 作用,力 F 位于梁纵向对称平面内,并与梁轴线呈夹角 α。将力沿 F 平行轴线方向和垂直轴线方向进行分解,得到分力 F_x 和 F_y,其大小分别为:

$$F_x = F\cos\alpha$$

$$F_y = F\cos\alpha$$

分力 F_x 使梁产生轴线拉伸变形,分力 F_y 使梁产生平面弯曲变形,在力 F 作用下,梁将产生拉弯组合变形。

（2）内力分析。梁的内力图如图9-6b）、c）所示。因梁各横截面上的轴力相等,均为:

$$F_N = F_x = F\cos\alpha$$

梁固定端处的弯矩值最大,其值为:

$$M_{max} = F_y l = Fl\sin\alpha$$

因此,梁的固定端截面 A 为危险截面。

（3）应力分析。在危险截面上,拉应力 σ_N 是均匀分布的,如图9-6d)所示;弯曲正应力 σ_M 则沿截面高度呈线性分布,如图9-6e)所示。其值分别为:

$$\sigma_N = \frac{F_N}{A} = \frac{F_x}{A}$$

$$\sigma_M = \frac{M_{zmax}}{W_z}$$

根据叠加原理,可将梁固定端处危险截面上的弯曲正应力和拉伸正应力相叠加,叠加后上、下边缘危险点的应力分布如图9-6f)所示,其值分别为:

$$\sigma_{max}^+ = \sigma_N + \sigma_M = \frac{F_N}{A} + \frac{M_{zmax}}{W_z}$$

$$\sigma_{min}^- = \sigma_N + \sigma_M = \frac{F_N}{A} - \frac{M_{zmax}}{W_z}$$

对压缩和弯曲的组合变形也采用相同的分析方法。

(4)强度条件。对于抗拉强度和抗压强度相等的塑性材料制成的构件,只要危险截面上的拉伸(压缩)正应力和弯曲正应力,即最大工作应力不超过材料的许用应力,就能满足强度要求,其强度条件为:

$$\sigma_{max} = \frac{|F_N|}{A} + \frac{|M_{zmax}|}{W_z} \leqslant [\sigma] \qquad (9-7)$$

对于抗拉强度与抗压强度不等的脆性材料,则根据危险截面上、下边缘处的应力状态及构件所选用材料的实际情况,依上述方法分别计算即可。

3.1.2 拉伸(压缩)与弯曲组合变形的强度计算

根据上述所建立的拉伸(压缩)与弯曲组合变形的强度条件,即可对拉伸(压缩)与弯曲组合变形的构件进行三类计算,即强度校核、尺寸设计和许可载荷的确定。

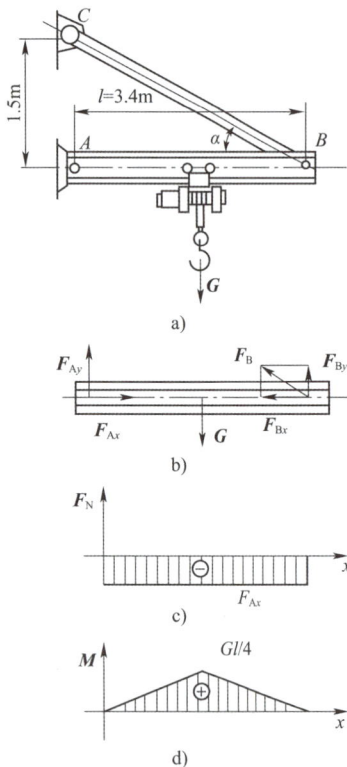

a)

b)

c)

d)

图9-7 简易吊车

例9-2 图9-7所示为简易吊车,其最大起重量为 $G = 15kN$,横梁 AB 采用工字钢,许用应力 $[\sigma] = 100MPa$,若不计梁自重,试按正应力强度准则选择工字钢的型号。

解:(1)外力分析。横梁可简化为简支梁,由于吊车带着载重可沿横梁移动,梁跨中处的弯矩最大,有危险截面,其受力图如图9-7b)所示。由平衡方程:

$$\sum M_A(F_i) = 0$$

$$F_B \sin 30° \times 3.4 - G \times 1.7 = 0 \qquad F_B = G = 15(kN)$$

将 F_B 分解得到沿轴线方向和垂直于轴线方向的两个分力:

$$F_{Bx} = F_B \cos 30° = 15 \times 0.866 = 13(kN)$$

$$F_{By} = F_B \sin 30° = 15 \times 0.5 = 7.5(kN)$$

力 F_{Ay}、G 和 F_{By} 使梁 AB 发生弯曲,而力 F_{Bx} 和 F_{Ax} 使梁 AB 产生轴向压缩。因此,梁 AB 在外力作用下发生轴向压缩和弯曲组合变形。

(2)内力分析。绘梁的弯矩图和轴力图分别如图9-7c)、d)所示,梁 AB 跨中截面为危险截面,其上的轴力和弯矩分别为:

$$F_N = F_{Bx} = 13(kN)$$

$$M_{z\max} = \frac{Gl}{4} = \frac{15 \times 3.4}{4} = 12.75 (\text{kN} \cdot \text{m})$$

（3）选择工字钢型号。由于横梁跨中截面上的弯矩最大，故此截面的最大压应力发生在该截面的上边缘各点处。由强度条件

$$\sigma_{\max} = \frac{F_N}{A} + \frac{M_{z\max}}{W_z} \leqslant [\sigma]$$

确定工字钢型号。因强度准则中有截面 A 和抗弯截面系数 W_z 未知，不易确定。为此，可先考虑按弯曲正应力强度条件进行初步选择，然后再按拉（压）与弯曲组合变形强度条件进行校核。由弯曲正应力强度条件

$$\sigma_{\max} = \frac{M_{z\max}}{W_z} \leqslant [G]$$

得，$W_z \geqslant \dfrac{M_{z\max}}{[\sigma]} = \dfrac{12.75 \times 10^3}{100 \times 10^6} = 127.5 \times 10^{-6} = 127.5 (\text{cm}^3)$

查型钢表，选 16 号工字钢，其 $W_z = 141 = 141 \times 10^{-6}$，$A = 26.1 (\text{cm}^2) = 26.1 \times 10^{-4} (\text{m}^2)$

（4）校核截面。按拉（压）与弯曲组合变形强度条件进行校核：

$$\sigma_{\max} = \frac{F_N}{A} + \frac{M_{z\max}}{W_z} = \frac{13 \times 10^3}{26.1 \times 10^{-4}} + \frac{12.75 \times 10^3}{141 \times 10^{-6}}$$

$$= 95.4 \times 10^6 (\text{Pa}) = 95.4 (\text{MPa}) \leqslant [\sigma]$$

选择 16 号工字钢能够满足强度要求。

例 9-3 夹具的受力如图 9-8 所示。已知 $F = 2\text{kN}$，$e = 60\text{mm}$，$b = 10\text{mm}$，$h = 22\text{mm}$，材料的许用应力 $[\sigma] = 170\text{MPa}$。试校核夹具立杆的强度。

解：外力与立杆轴线平行，但不通过立杆轴线，立杆的这种变形通常为偏心拉伸（或压缩），也是拉伸（压缩）与弯曲的组合变形。

（1）计算立杆所受力。由于夹具立杆发生偏心拉伸变形，可将力 F 向立杆轴线简化，得到轴向力 F 和作用面在立杆纵向对称面内的力偶，为：

$$M_e = Fe = 2 \times 10^3 \times 60 \times 10^{-3} = 120 (\text{N} \cdot \text{m})$$

一对轴向拉力 F 使立杆产生轴向拉伸变形，一对力偶 M_e 使立杆发生弯曲变形，故立杆为拉伸与弯曲组合变形。

图 9-8 夹具

（2）计算立杆截面上的内力。立杆横截面上的轴力 F_N 和弯矩 M 分别为：

$$F_N = F = 2 (\text{kN}), \quad M = M_e = 120 (\text{N} \cdot \text{m})$$

（3）校核立杆强度。由于立杆为拉弯组合变形，故只需校核拉应力强度条件，其强度条件为：

$$\sigma_{\max} = \frac{F_N}{A} + \frac{M_{z\max}}{W_z} = \frac{2 \times 10^3}{0.01 \times 0.022} + \frac{120}{\dfrac{1}{6} \times 0.01 \times (0.002)^2}$$

$$= 157.9 \times 10^6 \text{Pa} = 157.9 (\text{MPa}) \leqslant [\sigma]$$

故立杆的强度足够。

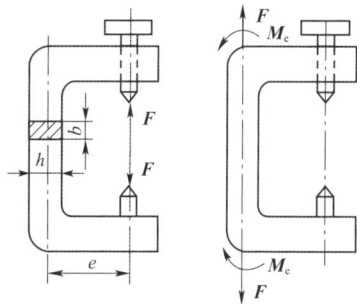

3.2 弯曲与扭转组合变形强度计算

3.2.1 弯扭组合变形的应力分析

工程中的轴类构件,大多发生弯曲和扭转组合变形。以图 9-9 所示的电动机轴为例,说明圆轴截面在弯曲和扭转组合变形时的应力情况。

(1)外力分析。如图 9-9b)所示,将电动机轴外伸部分简化为悬臂梁,作用在带轮两侧的拉力分别为紧边拉力 F_{T2} 和松边拉力 F_T,又因带拉力作用在带轮边缘,需向轴横截面形心简化,故得到一个力 F 和矩为 M_e 的力偶,其值分别为:

$$F = 3F_T$$

$$M_e = 2F_T \frac{D}{2} - F_T \frac{D}{2} = \frac{1}{2}F_T D$$

力 F 使轴沿铅垂平面内发生弯曲变形,力偶 M_e 使圆轴产生扭转变形,所以电动机轴发生弯曲与扭转的组合变形。

(2)内力分析。画出圆轴的内力图如图 9-9c)、d)所示,圆轴各横截面上的扭矩都相同,轴上各点弯矩是变化的,在固定端 A 截面上的弯矩值为最大,所以横截面 A 为危险截面,其上的弯矩值和扭矩值分别为:

$$M_z = Fl = 3F_T l \qquad M_x = M_e = F_T D$$

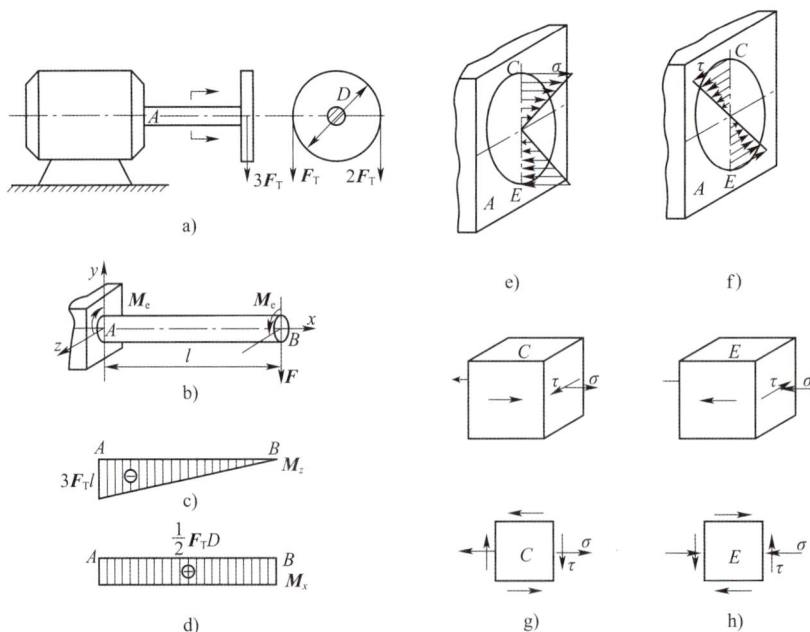

图 9-9　电动机圆轴

(3)应力分析。在危险截面上同时作用着弯矩和扭矩,所以该截面上必然同时存在弯曲正应力和扭转切应力。切应力与危险截面相切,截面外轮廓上各点的切应力为最大;弯曲正应力与横截面垂直,截面的上、下两点的弯曲正应力为最大。其弯曲正应力和切应力分布规律如图 9-9e)、f)所示,由图可看出,铅垂直径上、下两端的 C 和 E 点处,为弯矩和扭矩组合变形的危险点其应力值分别为:

$$\sigma = \frac{M_z}{W_z} \qquad \tau = \frac{M_x}{W_p}$$

(4)强度条件。在危险截面的 C 或 E 点处,切取一单元体,如图9-9g)、h)所示。可看出 C 点为平面应力状态,其中 $\sigma_x = \sigma_W, \sigma_y = 0, \tau_x = -\tau_y$。由于机械传动中的圆轴一般是用塑性材料制成的,所以 C 点的强度可采用第三或第四强度理论进行强度计算。

若用第三强度理论的强度条件,则:

$$\sigma_{r3} = \sqrt{\sigma^2 + 4\tau^2} \leqslant [\sigma] \tag{9-8}$$

对于圆截面轴 $W_z = \dfrac{\pi d^3}{32}, W_p = \dfrac{\pi d^3}{16} = 2W_p$,将以上各值代入到式(9-8)中,得到:

$$\sigma_{r3} = \frac{\sqrt{M_z^2 + M_x^2}}{W_z} \leqslant [\sigma] \tag{9-9}$$

同理可得到第四强度理论的强度条件为:

$$\sigma_{r3} = \frac{\sqrt{M_z^2 + 0.75M_x^2}}{W_z} \leqslant [\sigma] \tag{9-10}$$

一般情况下,轴所受到的横向力可能有若干个,并且可能来自不同的方向,此时,可将这些横向力沿铅垂方向和水平方向进行分解,然后按垂直和水平平面内的弯矩 M_z 和 M_y,分别画出其弯矩图,再求出圆轴横截面上的总弯矩值为:

$$M = \sqrt{M_x^2 + M_y^2}$$

之后,建立圆轴的强度条件。

第三强度理论的强度条件为:

$$\sigma_{r3} = \frac{\sqrt{M_z^2 + M_y^2 + M_x^2}}{W_z} \leqslant [\sigma] \tag{9-11}$$

第四强度理论的强度条件为:

$$\sigma_{r3} = \frac{\sqrt{M_z^2 + M_y^2 + 0.75M_x^2}}{W_z} \leqslant [\sigma] \tag{9-12}$$

3.2.2　弯扭组合变形的强度计算

根据上述所建立的弯扭组合变形的强度条件,同样可对弯扭组合变形的构件进行三类计算,即强度校核、尺寸设计和许可载荷的确定。下面举例说明。

例9-4　如图9-10a)所示为一手摇绞车,绞车轴直径 $d = 30\text{mm}$,材料为 Q235 钢,其许用应力 $[\sigma] = 80\text{MPa}$。试用最大切应力理论确定绞车的许可吊重 $[W]$。

解:(1)外力分析。将重力向轮心平移,得到垂直向下的横向力 W 和作用面与轴线垂直的力偶矩 $M_e = WR$,如图9-10b)所示。所以轴的 AC 段将发生弯扭组合变形。

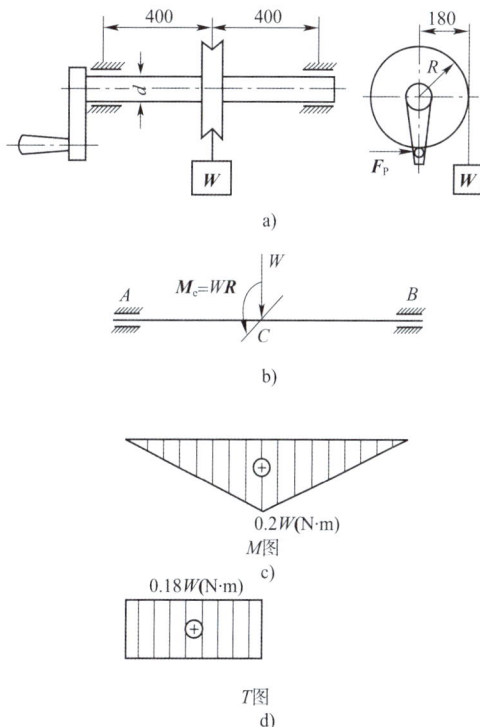

图9-10　手摇绞车

（2）内力分析。绘出轴的弯矩图和扭矩图如图 9-10c）、d）所示。由图可知，AC 段的截面 C 为危险截面，其上的弯矩 M_z 和扭矩 M_y 分别为：

$$M_z = \frac{1}{4}Wl = 0.2W \qquad (\mathrm{N \cdot m})$$

$$M_y = WR = 0.18W \qquad (\mathrm{N \cdot m})$$

（3）确定许可吊重 $[W]$。由式（9-9）可得：

$$\sigma_{r3} = \frac{\sqrt{M_z^2 + M_x^2}}{W_z} = \frac{\sqrt{(0.2W)^2 + (0.18W)^2}}{\dfrac{\pi \times (30 \times 10^{-3})^3}{32}} \leqslant 80\mathrm{MPa}$$

于是有：

$$W \leqslant \frac{80 \times 10^6 \times \pi \times (30 \times 10^{-3})^3}{32 \times \sqrt{(0.2)^2 + (0.18)^2}} = 788.1(\mathrm{N})$$

所以，许可吊重 $[W] \leqslant 788.1\mathrm{N}$。

例 9-5 电动机通过联轴器带动一个齿轮轴，如图 9-11a）所示。已知两轴承之间的距离 $l = 200\mathrm{mm}$，齿轮啮合力的切向分力 $F_\tau = 5\mathrm{kN}$，径向分力 $F_r = 2\mathrm{kN}$，齿轮节圆直径 $D = 200\mathrm{mm}$，轴的直径 $d = 50\mathrm{mm}$，材料的许用应力 $[\sigma] = 55\mathrm{MPa}$。试校核此轴强度。

解：（1）外力分析。将切向力 F_τ 向轮心平移，绘出轴的受力图，如图 9-11b）所示，得附加力偶矩为：

$$M_e = F_\tau \frac{D}{2} = 5 \times \frac{0.2}{2} = 0.5(\mathrm{kN \cdot m})$$

力 F_r 使轴在铅垂平面内产生弯曲变形，力偶 M_e 使轴产生扭转变形，力 F_τ 使轴在水平平面内产生弯曲变形。所以，此轴为弯扭组合变形。

（2）内力分析。画轴的扭矩图，如图 9-11c）所示，扭矩值为：

$$|M_x| = M_e = 0.5(\mathrm{kN \cdot m})$$

画出轴在铅垂平面内的弯矩图，如图 9-11d）所示。最大弯矩发生在 C 截面，其值为：

$$M_{xc} = \frac{F_r l}{4} = \frac{2 \times 0.2}{4} = 0.1(\mathrm{kN \cdot m})$$

由内力图可见，C 稍右截面为危险截面。

（3）强度校核。按第三强度理论校核轴的强度，由式（9-11）得：

$$\sigma_{r3} = \frac{\sqrt{M_{zc}^2 + M_{yc}^2 + M_x^2}}{W_z}$$

$$= \frac{\sqrt{(0.1 \times 10^3)^2 + (0.25 \times 10^3)^2 + (0.5 \times 10^3)^2}}{\pi \times (50 \times 10^{-3})^3 / 32}$$

$$= 46.3(\mathrm{MPa})$$

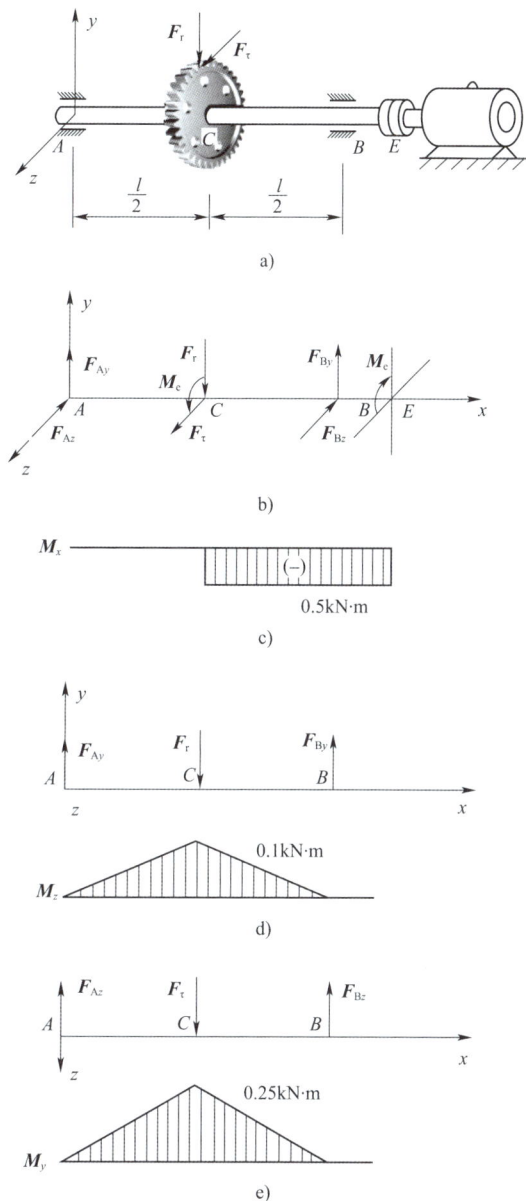

图 9-11 电动机传动系统

所以 $\sigma_{r3} < [\sigma] = 55\text{MPa}$，此轴的强度能满足要求。

理一理：

（1）结合之前介绍的四个强度理论的概念，由于机械上常用的传动轴，一般都是用钢材制造，而钢材是典型的塑性材料。所以主要运用第三或第四强度理论解决扭转与弯曲组合变形问题。

（2）弯扭组合变形的解题步骤：

①外力分析。将外力向轴心简化，以判断是否在轴上作用着弯矩和扭矩。

②内力分析。根据外力情况，画出轴的内力图（弯矩图和扭矩图），确定危险截面位置。

③应力分析。在危险截面上，弯矩将引起垂直于横截面的弯曲正应力，扭矩将产生平行于

截面的剪应力。在危险截面上弯曲正应力和扭转剪应力绝对值最大的点即危险点。

④强度计算。用第三或第四强度理论进行强度计算。如果在弯扭组合变形中,同时有铅锤平面和水平平面两个方向的弯曲变形时,应求出合成弯矩。

复习与思考题

1. 简述叠加原理的内容。

2. 何谓组合变形? 计算组合变形强度的方法是什么?

3. 简述组合变形杆件的强度分析步骤。

4. 构件受偏心拉伸(或压缩)时,将产生何种组合变形? 横截面上各点是什么应力状态? 怎样进行强度计算?

5. 拉伸试件直径 $d=24\text{mm}$,当在 $45°$ 斜截面上的切应力 $\tau=180\text{MPa}$ 时,其表面上出现滑移线。试求此时试件的拉力 F。

6. 矩形截面钢板如图 9-12 所示,已知拉力 $P=86\text{kN}$,板宽 $b=80\text{mm}$,板厚 $t=10\text{mm}$,缺口深度 $a=12\text{mm}$,钢板的许用应力 $[\sigma]=160\text{MPa}$,设不考虑缺口处应力集中的影响。试求:(1)校核钢板的强度;(2)若在缺口的对称位置再挖一个相同尺寸的缺口,此时钢板的强度有何变化。

7. 矩形截面立柱受压,如图 9-13 所示。力 P_1 的作用线与立柱轴线重合,力 P_2 的作用线与立柱轴线平行,且位于 xy 平面内。已知 $P_1=P_2=100\text{kN}$,$b=220\text{mm}$,力 P_2 的偏心矩 $e=100\text{mm}$,如果要求立柱的横截面不出现拉应力,试求:(1)求截面尺寸 h;(2)当 h 确定后,求立柱内的最大压应力。

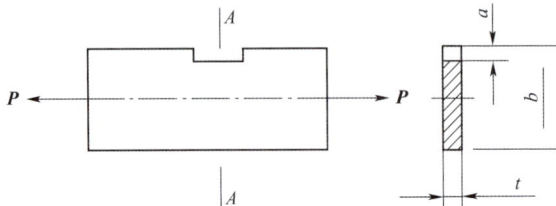

图 9-12 题 6 图

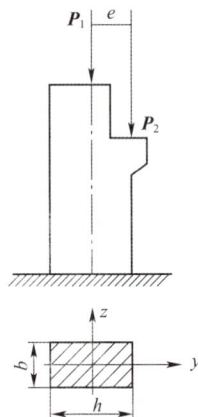

图 9-13 题 7 图

8. 如图 9-14 所示,起重机的最大吊重 $P=12\text{kN}$,$[\sigma]=100\text{kN/m}^2$。试为横梁 AB 选择适用的工字钢。

9. 如图 9-15 所示矩形截面悬臂梁,求根部的最大应力和梁端部的位移。

10. 如图 9-16 所示钢制实心圆轴,其齿轮 C 上作用铅直切向力 5kN,径向力 1.82kN;齿轮 D 上作用有水平切向力 10kN,径向力 3.64kN。齿轮 C 的直径 $d_C=400\text{mm}$,齿轮 D 的直径 $d_D=200\text{mm}$。圆轴的容许应力 $[\sigma]=100\text{MPa}$。试按第四强度理论求轴的直径。

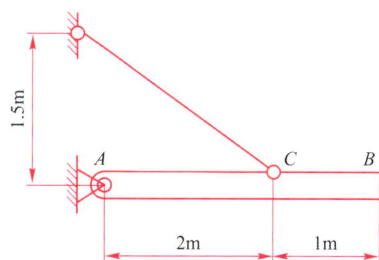

图 9-14　题 8 图

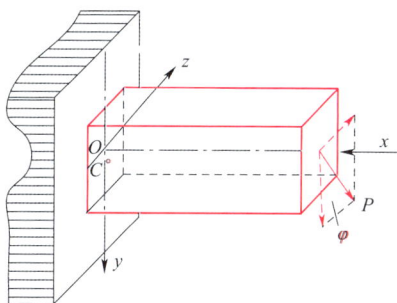

图 9-15　题 9 图

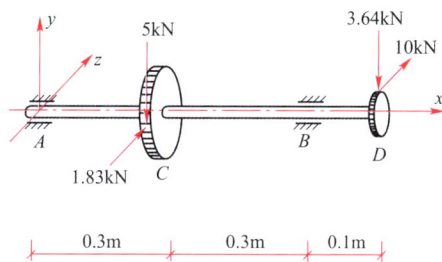

图 9-16　题 10 图

项目十

Chapter 10

压杆稳定

概　　述

在轴向拉伸和压缩的变形强度计算时,对于受压直杆的强度问题,认为只要满足压缩强度条件,就能保证压杆的正常工作。然而这个结论仅适用于粗短压杆,细长杆在轴向压力的作用下的失效形式却呈现出与强度问题完全不同的力学性能。也就是说,细长压杆的工作和失效机理不再属于强度性质的问题,它属于本模块将要讨论的压杆稳定理论。

任务一　压杆稳定的概念和临界应力计算

❶ 任务引入

在工程实际中经常用到细长受压杆,如内燃机的连杆(图 10-1)和液压装置的活塞杆(图 10-2),在图示的位置均承受压力,必须考虑其稳定性,以防压杆失稳。

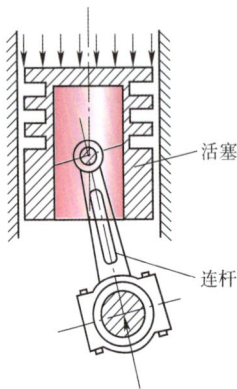

图 10-1　内燃机的连杆

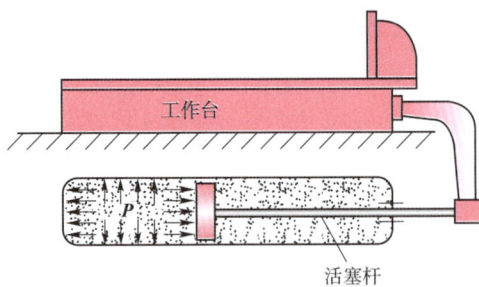

图 10-2　液压装置的活塞杆

所以,当杆件受到压缩时,该如何区别压杆是处于稳定平衡还是不稳定平衡?

❷ 相关理论知识

2.1　压杆的概念

工程中把承受轴向压力的直杆称为压杆。从强度观点看,杆件只要满足压缩强度条件,就能保证压杆的正常工作。实践证明,这个结论仅适用于短粗压杆。

2.1.1 失稳

由于压杆轴线不能维持原有的直线形状平衡,丧失了稳定性的现象简称为失稳。压杆失稳是不同于强度破坏的又一种失效形式,对于细长压杆必须给予足够的重视。为确保细长压杆能正常工作,不仅要进行强度和刚度计算,还要进行稳定性计算。压杆的失稳是突然发生的,其后果十分严重。

在机械工程中,有许多较细长的受压杆,如内燃机中的连杆、液压缸的活塞杆、起重机的吊臂等,都需要考虑稳定性问题。

2.1.2 压杆的稳定性

杆件在其原有几何形状下保持平衡的能力称为杆件的稳定性。以图 10-3 所示的细长压杆为例,说明压杆的失稳过程。在杆端施加轴向压力 F,当 F 较小时,杆件处于直线平衡形式(图 10-3a),若施加一横向干扰力,杆件将发生微小的弯曲变形(图 10-3b),撤掉干扰力,杆件仍能恢复到原来的直线平衡状态(图 10-3c),此时杆件处于稳定性平衡状态。当压力 F 逐渐增大到某一值时,杆件在横向干扰力作用下发生弯曲,撤去横向干扰力后,杆件不能恢复到原来的直线平衡状态,而处于微弯的平衡状态(图 10-3d)。若压力继续增加,杆件因弯曲变形显著增加而丧失工作能力。在轴向压力逐渐增大的过程中,压杆经历了从稳定性平衡到不稳定性平衡两个阶段。

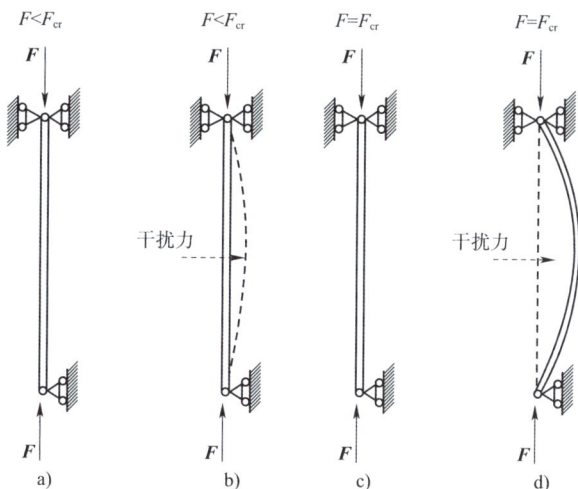

图 10-3 压杆的稳定性

压杆能否保持稳定,与其所承受的轴向压 F 力大小有关。压杆由稳定性平衡过渡到非稳定性平衡的极限状态称为临界状态,与临界状态对应的轴向压力 F 称为临界压力或临界载荷,用 F_{cr} 表示。临界力 F_{cr} 大,压杆不宜失稳,临界力 F_{cr} 小,压杆宜失稳。解决压杆稳定性的关键是确定临界力 F_{cr} 的大小。

2.2 压杆的临界力

临界力 F_{cr} 是判断压杆是否稳定的依据。细长杆的临界力 F_{cr} 是压杆发生弯曲而失稳的最小压力值。当杆内应力不超过材料的比例极限 σ_p 时,临界力的大小与压杆的抗弯刚度成正比,与压杆长度的平方成反比,并与压杆两端的支承情况有关。各种不同约束情况下的临界力公式,可用统一形式表示,称为计算临界力的欧拉公式:

131

$$F_{cr} = \frac{\pi^2 EI}{(\mu l)^2} \tag{10-1}$$

式中：E——材料的弹性模量；

I——压杆横截面对中性轴的惯性矩（mm^4）；

μ——与杆件横截面两端支承情况有关的长度系数，其值见表 10-1；

l——杆件的长度；

μl——与杆件支承情况有关的长度系数，称为计算长度。

压杆的长度系数　　　　　　　　　　　　　　　　　　　　表 10-1

支撑情况	两端铰支	一端固定 一端铰支	两端固定	一端固定 一端自由
μ 值	1.0	0.7	0.5	2
挠曲线形状				

2.3　压杆的临界应力

压杆在临界力作用下横截面上的压应力，称为临界应力，以 σ_{cr} 表示：

$$\sigma_{cr} = \frac{F_{cr}}{A} = \frac{\pi^2 E}{(\mu l)^2} \times i^2 = \frac{\pi^2 E}{(\mu l / i)^2} \tag{10-2}$$

令 $\lambda = \dfrac{\mu l}{i}$，则得到临界应力的欧拉公式：

$$\sigma_{cr} = \frac{\pi^2 E}{\lambda^2} \tag{10-3}$$

式中：λ——压杆的柔度或长细比，是一个无量纲的量。

上式表明：σ_{cr} 与 λ^2 成反比，λ 愈大，压杆愈细长，临界应力 σ_{cr} 愈小，压杆愈容易失稳。反之，λ 愈小，压杆愈粗短，临界应力 σ_{cr} 愈大，压杆愈不易失稳。λ 综合反映了杆件的长度、截面形状和尺寸以及杆两端支承情况等因素对临界应力的影响。

2.4　欧拉公式的适用范围

由于欧拉公式是在材料服从于胡克定律的条件下推导得出的，所以，只有当杆内临界应力不超过材料的比例极限 σ_p 时，欧拉公式才能适用，即：

$$\sigma_{cr} = \frac{\pi^2 E}{\lambda^2} \leqslant \sigma_p$$

由此可导出对应于比例极限时的柔度 λ_p 为：

$$\lambda_p = \sqrt{\frac{\pi^2 E}{\sigma_p}} \tag{10-4}$$

则有欧拉公式的适用范围是：

$$\lambda \geqslant \lambda_p$$

$\lambda \geqslant \lambda_p$ 的压杆称为细长杆或大柔度杆。欧拉公式只适用于细长杆。

λ_p 的数值取决于材料的弹性模量及比例极限 σ_p。各种材料的 E 和 σ_p 不同，其 λ_p 值也是不同的。对于 Q235 钢制成的压杆，当实际柔度 $\lambda \geqslant 100$ 时，才能用欧拉公式计算其临界压力。

2.5 临界应力的经验公式

工程中的压杆柔度往往小于 λ_p，此时仍会发生失稳现象，但欧拉公式已不适用。对于这类压杆的临界应力计算，工程中一般采用以实验结果为依据的经验公式，即

$$\sigma_{cr} = a - b\lambda \qquad (10\text{-}5)$$

式中：a、b——与材料性质有关的常数（表 10-2），MPa。

几种常用材料的 a、b 值 　　　　　表 10-2

材　　料	a(MPa)	b(MPa)	λ_p	λ_s
Q235 钢 $\sigma_s = 235\text{MPa}$	304	1.12	100	62
硅钢 $\sigma_s = 353\text{MPa}$ $\sigma_b \geqslant 3510\text{MPa}$	577	3.74	100	60
铬钼钢	980	5.29	55	0
硬铝	372	2.14	50	0
铸铁	331.9	1.453	—	—
松木	39.2	0.199	59	0

对于塑性材料制成的压杆，其临界应力不得超过材料的屈服极限 σ_s，即：

$$\sigma_{cr} = a - b\lambda < \sigma_s$$

或

$$\lambda > \frac{a - \sigma_s}{b} = \lambda_s$$

式中：λ_s——对应于屈服极限的柔度值，称为屈服极限柔度。当柔度 λ 在 $60 \sim 100$ 之间时，才能使用经验公式。公式（10-5）的适用范围为：

$$\lambda_s < \lambda < \lambda_p$$

柔度在 λ_s 和 λ_p 之间的压杆，称为中长杆或中柔度杆。

对于柔度 $\lambda \leqslant \lambda_s$ 的杆，称为小柔度杆和粗短杆。此类杆失效的原因属于强度不足，并非失稳。

各类杆的临界应力计算公式归纳如下：

（1）当 $\lambda \geqslant \lambda_p$ 时，压杆是细长杆，采用欧拉公式

$$\sigma_{cr} = \frac{\pi^2 E}{\lambda^2}$$

（2）当 $\lambda_s < \lambda < \lambda_p$ 时，压杆是中长杆，采用经验公式

$$\sigma_{cr} = a - b\lambda$$

（3）当 $\lambda \leqslant \lambda_s$ 时，压杆是粗短杆，采用压缩强度公式

$$\sigma_{cr} = \sigma_s \qquad （塑性材料）$$

$$\sigma_{cr} = \sigma_b \qquad (脆性材料)$$

如图 10-4 所示为临界应力总图,该图表示了临界应力随柔度 λ 的变化规律。

③ 任务实施

例 10-1 如图 10-5 所示,有一端固定,一端自由的细长压杆,用 22a 工字钢制成,压杆长度 $l = 4\text{m}$,弹性模量 $E = 210\text{GPa}$,试用欧拉公式求此压杆的临界力。

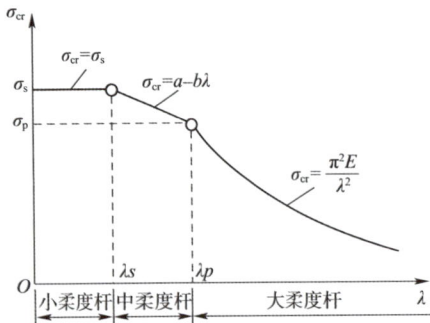

图 10-4 临界应力总图

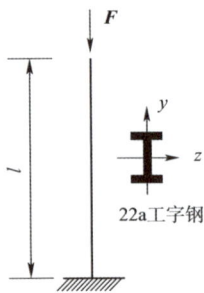

图 10-5 一段自由细长压杆

解: 压杆一端固定,一端自由,$\mu = 2$。由型钢表可查得 22a 工字钢:$I_z = 3400\text{cm}^4$,$I_y = 225\text{cm}^4$,故压杆的临界力为:

$$F_{cr} = \frac{\pi^2 E I_{min}}{(\mu l)^2} = \frac{\pi^2 E I_y}{(\mu l)^2} = \frac{\pi^2 \times 210 \times 10^9 \times 225 \times 10^{-8}}{(2 \times 4)^2} = 72.9 \times 10^3 = 72.9\,(\text{kN})$$

想一想: 当压杆在各弯曲平面内具有相同的杆端约束时,用工字钢作压杆是否合理?

例 10-2 用 Q235 钢制成三根压杆,两端均为铰接,横截面直径为 $d = 50\text{mm}$,长度分别为 $l_1 = 2\text{m}$、$l_2 = 1\text{m}$、$l_3 = 0.5\text{m}$。试求三根压杆的临界压力。

解:(1)计算柔度,确定压杆的临界应力公式。三根压杆的截面直径相同,$I_z = \dfrac{\pi d^4}{64}$,$A = \dfrac{\pi d^2}{4}$,则其横截面的惯性半径均为 $i = \sqrt{\dfrac{I_z}{A}} = \dfrac{d}{4}$,代入柔度计算公式得:

$$\lambda_1 = \frac{\mu l_1}{i} = \frac{\mu l_1}{d/4} = \frac{1 \times 2000 \times 4}{50} = 160$$

$\lambda_1 \geqslant \lambda_p = 100$,杆 1 为细长杆,用欧拉公式计算临界应力。

$$\lambda_2 = \frac{\mu l_2}{i} = \frac{\mu l_2}{d/4} = \frac{1 \times 1000 \times 4}{50} = 80$$

$\lambda_s = 60 < \lambda_2 < \lambda_p = 100$,杆 2 为中长杆,用经验公式计算临界应力。

$$\lambda_3 = \frac{\mu l_3}{i} = \frac{\mu l_3}{d/4} = \frac{1 \times 500 \times 4}{50} = 40$$

$\lambda_3 < \lambda_s = 60$,杆 3 为粗短杆,其屈服点为临界应力。

(2)计算各杆的临界压力。

$$F_1 = A \cdot \sigma_{cr1} = A \times \frac{\pi^2 E}{\lambda_1^2} = \frac{\pi d^2}{4} \times \frac{\pi^2 E}{\lambda_1^2}$$

$$= \frac{\pi^3 \times (50 \times 10^{-3})^2 \times 206 \times 10^9}{4 \times 160^2} = 156 \times 10^3 = 156\,(\text{kN})$$

$$F_2 = A(a - b\lambda_2) = \frac{\pi d^2}{4}(a - b\lambda_2)$$

$$= \frac{\pi \times (50 \times 10^{-3})^2}{4} \times (304 - 1.12 \times 80) \times 10^6$$

$$= 421 \times 10^3 \text{N} = 421(\text{kN})$$

$$F_3 = A \cdot \sigma_s = \frac{\pi \times (50 \times 10^{-3})^2}{4} \times 235 \times 10^6 = 461 \times 10^3(\text{N}) = 461(\text{kN})$$

例 10-3 一压杆长 $l = 200\text{mm}$，矩形截面宽 $b = 2\text{mm}$，高 $h = 10\text{mm}$，压杆两端为球铰支座，材料为 Q235，$E = 200\text{GPa}$，试计算压杆的临界应力。

解：(1)求惯性半径 i。因压杆采用矩形截面且两端球铰，故失稳必在其刚度较小的平面内产生，应求出截面的最小惯性半径。

$$i = \sqrt{\frac{I_{\min}}{A}} = \sqrt{\frac{hb^3}{12} \cdot \frac{1}{bh}} = \frac{b}{\sqrt{12}}$$

(2)求柔度 λ。因两端可简化为铰支，$\mu = 1$，故：

$$\lambda = \frac{\mu l}{i} = \frac{\mu l \times \sqrt{12}}{b} = \frac{1 \times 200 \times \sqrt{12}}{2} = 346.4 > \lambda_p$$

(3)用欧拉公式计算其临界应力：

$$\sigma_{cr} = \frac{\pi^2 E}{\lambda^2} = \frac{\pi^2 \times 200 \times 10^9}{(346.2)^2} = 16.4 \times 10^6(\text{Pa})$$

任务二 压杆稳定的校核

1 任务引入

由于压杆的稳定性取决于整个杆件的弯曲刚度，因此，在确定压杆的临界载荷或临界应力时，可不必考虑杆件局部削弱(例如铆钉孔或油孔等)的影响，而应按未削弱截面计算横截面的惯性矩与面积。但是，对于被削弱的横截面，则还应进行强度校核。

2 相关理论知识

2.1 压杆稳定的校核

为保证压杆具有足够的稳定性，不仅要使压杆上的工作压力小于临界力或工作应力小于临界应力。而且还应有一定的安全储备，即：

$$F \leqslant \frac{F_{cr}}{[n]_w} \quad \text{或} \quad \sigma \leqslant \frac{\sigma_{cr}}{[n]_w} \tag{10-6}$$

式中：F——压杆工作时的轴向压力；

F_{cr}——压杆的临界力；

$[n]_w$——规定的稳定安全系数。

若令 $n_{\mathrm{w}} = \dfrac{F_{\mathrm{cr}}}{F} = \dfrac{\sigma_{\mathrm{cr}}}{\sigma}$ 为压杆的安全系数,则上式可表示为:

$$n_{\mathrm{w}} = \frac{F_{\mathrm{cr}}}{F} \geqslant [n]_{\mathrm{w}} \quad \text{或} \quad n_{\mathrm{w}} = \frac{\sigma_{\mathrm{cr}}}{\sigma} \geqslant [n]_{\mathrm{w}}$$

此式为用安全系数法表示的压杆的稳定条件。在选择规定的稳定安全系数时,除考虑强度安全系数的因素外,还要考虑压杆存在的初曲率和不可避免的载荷偏心等不利因素。因此,规定的稳定安全系数一般要大于强度安全系数。其值可从有关设计规范和手册中查得。由于压杆失稳大都突然发生,且危害较大,故规定的稳定安全系数要比强度安全系数大。一般情况下,可采用如下数值:钢材$[n]_{\mathrm{w}} = 1.8 \sim 3.0$,铸铁$[n]_{\mathrm{w}} = 4.5 \sim 5.5$,木材$[n]_{\mathrm{w}} = 2.5 \sim 3.5$。常见压杆规定的稳定安全系数列于表10-3。

几种常见压杆规定的稳定安全系数　　　　　　　　　　　　　表10-3

实际压杆	金属结构中的压杆	矿山、冶金设备中的压杆	机床丝杠	精密丝杠	水平长丝杆	磨床油缸活塞杆	低速发动机挺杆	高速发动机挺杆
$[n]_{\mathrm{w}}$	$1.8 \sim 3.0$	$4 \sim 8$	$2.5 \sim 4$	>4	>4	$2 \sim 5$	$4 \sim 6$	$2 \sim 5$

2.2 提高压杆稳定性的措施

影响临界应力的因素与压杆的截面形状和尺寸、压杆的长度和约束条件及压杆的材料性质等有关,因此,从以下几方面予以考虑。

2.2.1 合理选用材料

选用弹性模量E值较大的材料,可以提高细长杆的稳定性。但各种钢材的弹性模量大致相同,选用高强度钢并不能显著提高细长压杆的稳定性,所以细长压杆一般选用普通碳钢即可。

2.2.2 减小压杆柔度

(1)尽量减少压杆的长度。

在结构允许的情况下,尽量减少压杆的实际长度或增加中间支座,以提高其稳定性。

(2)改善支承情况,减少长度系数μ。

在压杆长度、截面尺寸、截面形状都相同的情况下,两端固定细长压杆($\mu = 0.5$)的临界应力是两端铰支细长压杆($\mu = 1$)临界应力的四倍,是一端固定一端自由的细长压杆($\mu = 2$)临界应力的16倍。加固压杆两端的约束,可减小长度系数μ,并进而减小柔度,提高压杆的临界力。

(3)合理选择截面形状。

增大截面的惯性矩可降低压杆的柔度,从而提高压杆的稳定性在压杆截面相同的情况下空心截面要比实心截面合理,稳定性更好些,如图10-6所示。

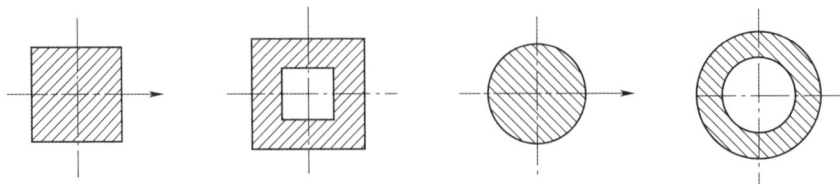

图10-6　合理选择截面形状

当压杆两端在各个方向的约束条件都相同时,压杆的失稳总是发生在柔度较大的纵向平面内。故此,应尽可能使各个纵向平面内的柔度相等。如图10-7b)所示,用两根槽钢组合的截面比图10-7a)组合截面的稳定性好。

3 任务实施

例10-4 如图10-8所示工字形截面的连杆,材料为Q235,$E=200\text{GPa}$,$\sigma_s=306\text{MPa}$,连杆所受最大压力为$F=30\text{kN}$,规定的稳定安全系数$[n]_w=3$,试校核连杆的稳定性。

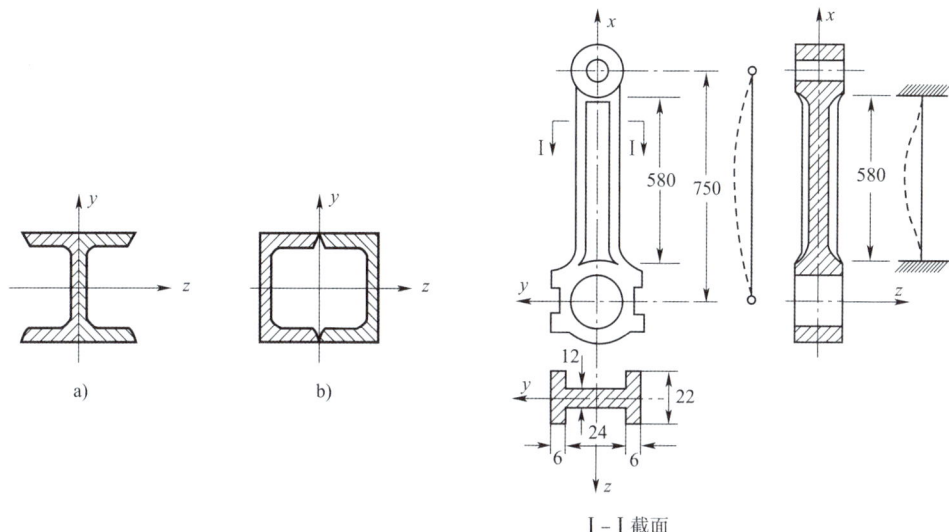

图10-7 槽钢组合

图10-8 工字形截面的连杆

解:由于连杆受压时,在两个平面内的抗弯刚度和约束情况不同,所以连杆在x—y平面和x—z内都有可能发生失稳,在进行稳定性校核时必须分别计算两个平面内的柔度λ,以确定弯曲平面。设连杆在x—y平面内弯曲,两端为铰支,$\mu_z=1$;设连杆在x—z平面内弯曲,两端为固定端$\mu=0.5$。

(1)计算柔度。

$$A=2.4\times1.2+2\times0.6\times2.2=5.52(\text{cm}^2)$$

在x—y平面内:

$$I_z=\frac{12\times24^3}{12}+2\times\left(\frac{22\times6^3}{12}+22\times6\times15^2\right)$$

$$=7.42\times10^4(\text{mm}^4)=7.42(\text{cm})$$

$$i_z=\sqrt{\frac{I_z}{A}}=\sqrt{\frac{7.42^4}{5.52^2}}=1.16(\text{cm})$$

$$\lambda_z=\frac{\mu_z l}{i_z}=\frac{1\times75}{1.16}=64.7$$

在x—z平面内:

$$I_y=\frac{2.4\times1.2^3}{12}+2\times\frac{0.6\times2.2^3}{12}=1.41(\text{cm}^4)$$

$$i_y = \sqrt{\frac{I_y}{A}} = \sqrt{\frac{1.41^4}{5.52^2}} = 0.505 \, (\text{cm})$$

$$\lambda_y = \frac{\mu_y l}{i_y} = \frac{0.5 \times 58}{0.505} = 57.4$$

因 $\lambda_z > \lambda_y$，则只校核连杆在 x—y 平面内的稳定性即可。

（2）稳定性校核。

由于 $\lambda_s < \lambda_z < \lambda_p$，连杆属于中长杆，故用直线经验公式计算临界应力。由表 9-2 查得 $a = 460\text{MPa}$，$b = 2.567\text{MPa}$。因此，临界应力为：

$$\sigma_{cr} = a - b\lambda_z = 460 - 2.567 \times 64.7 = 293.9 \, (\text{MPa})$$

连杆工作应力：

$$\sigma = \frac{F}{A} = \frac{30 \times 10^3}{5.52 \times 10^{-4}} = 54.4 \, (\text{MPa})$$

连杆实际稳定安全系数：

$$n_w = \frac{\sigma_{cr}}{\sigma} = \frac{293.9}{54.4} = 5.4 > [n]_w = 3$$

所以连杆满足稳定性要求。

例 10-5 如图 10-9 所示为一根 Q235 钢制成的截面为矩形的压杆 AB，A、B 两端用柱销连接，设连接部分配合精密。已知材料 $E = 200\text{GPa}$，$b = 40\text{mm}$，$l = 2300\text{mm}$，$h = 60\text{mm}$，规定稳定安全系数 $[n]_w = 4$，试确定压杆的许用压力。

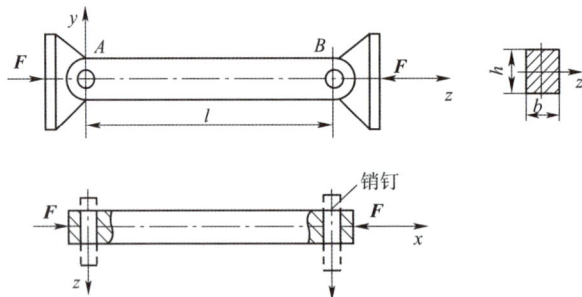

图 10-9　矩形压杆

解：（1）计算柔度。

在 x—y 平面内，压杆两端为铰支，$\mu_z = 1$，则有：

$$i_z = \sqrt{\frac{I_z}{A}} = \sqrt{\frac{bh^3}{12} \cdot \frac{1}{bh}} = \frac{h}{\sqrt{12}}$$

$$\lambda_z = \frac{\mu_z l}{i_z} = \frac{\mu l \times \sqrt{12}}{h} = \frac{1 \times 2300 \times \sqrt{12}}{60} = 133 > \lambda_p = 100$$

在 x—z 平面内，压杆两端为固定端，$\mu_y = 0.5$，则有：

$$i_y = \sqrt{\frac{I_y}{A}} = \sqrt{\frac{hb^3}{12} \cdot \frac{1}{bh}} = \frac{b}{\sqrt{12}}$$

$$\lambda_y = \frac{\mu_y l}{i_y} = \frac{\mu l \times \sqrt{12}}{b} = \frac{0.5 \times 2300 \times \sqrt{12}}{40} = 100$$

（2）计算临界力 F_{cr}。因 $\lambda_z > \lambda_y$，故压杆在 x—y 平面内先失稳，需按 λ_z 计算临界应力，又因 $\lambda_z > \lambda_p = 100$，则压杆在 x—y 平面内是细长压杆，用欧拉公式计算其临界压力，得：

$$F_{cr} = A \cdot \sigma_{cr} = A \times \frac{\pi^2 E}{\lambda^2} = bh \times \frac{\pi^2 E}{\lambda^2}$$

$$= 40 \times 10^{-3} \times 60 \times 10^{-3} \times \frac{\pi^2 \times 200 \times 10^9}{133^2} = 267.5 \times 10^3 (\text{N})$$

$$= 267.5 (\text{kN})$$

（3）确定压杆的许用压力 F。由稳定条件可得压杆的许用压力 F 为：

$$F \leqslant \frac{F_{cr}}{[n]_w} = \frac{267.5}{4} = 66.9 (\text{kN})$$

复习与思考题

1. 何谓失稳？何谓稳定平衡与不稳定平衡？何谓临界载荷？

2. 压杆失稳与压杆的强度破坏相比有什么不同点？

3. 如何区别压杆的稳定平衡和不稳定平衡？

4. 由塑性材料制成的中、小柔度压杆在临界力作用下是否处于弹性状态？

5. 怎样判别结构钢制成的压杆是属于细长杆、中长杆还是短杆？它们的正常工作条件是怎样的？

6. 试根据欧拉公式来说明选择压杆材料的原则。

7. 采用 Q235 钢制成的三根压杆，分别为大、中、小柔度杆。若材料必用优质碳素钢，是否可提高各杆的承载能力？为什么？

8. 若杆件横截面 $I_y > I_z$，那么杆件失稳一定在平面 xz 内吗？

9. 在讨论压杆稳定性问题时，销钉连接和球铰连接作为杆端铰支约束条件是否有区别？

10. 空心圆截面连杆，承受轴向压力 $P = 20\text{kN}$。已知连杆用硬铝制成，其外径 $D = 38\text{mm}$，内径 $d = 34\text{mm}$，杆长 $l = 600\text{mm}$，规定稳定安全系数 $[n_{st}] = 2.5$，试校核该杆的稳定性。

11. 如图 10-10 所示，圆截面细长压杆都由 Q235 钢制成，$E = 200\text{GPa}$，直径均为 160mm，按欧拉公式计算各杆的临界力。

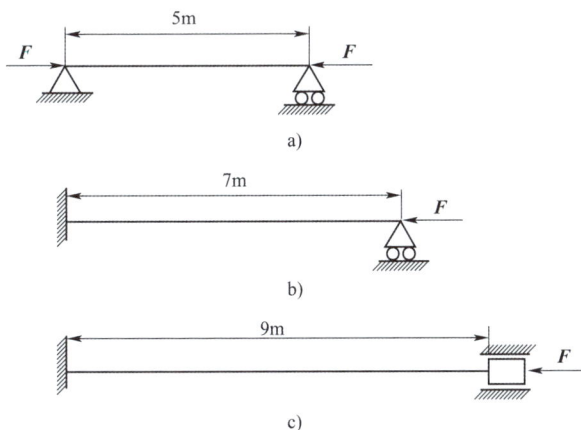

图 10-10 题 11 图

12. 简易起重机如图 10-11 所示。压杆 *BD* 为 20 槽钢，材料为 Q235 钢。起重机的最大起重量 $F = 40\text{kN}$。若规定的稳定安全因数 $[n_{st}] = 5$，试校核 *BD* 杆的稳定性。

13. 一根两端铰支的圆形截面压杆，直径 $d = 100\text{mm}$，长度 $L = 4\text{m}$，材料为 Q235，$E = 200\text{GPa}$，$a_p = 100$，求此压杆的临界力 F_{cr}。

14. 如图 10-12 所示，矩形截面压杆，有三种支撑方式。杆长 $l = 300\text{mm}$，截面宽度 $b = 20\text{mm}$，高度 $h = 12\text{mm}$，弹性模量 $E = 70\text{GPa}$，$\lambda_p = 50$，$\lambda_0 = 30$，中柔度杆的临界应力公式为 $\sigma_{cr} = 382\text{MPa} - (2.18\text{MPa})\lambda$。试计算它们的临界载荷，并进行比较。

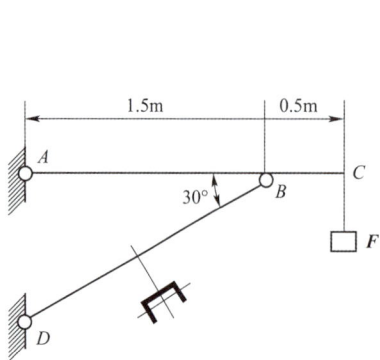

图 10-11 题 12 图

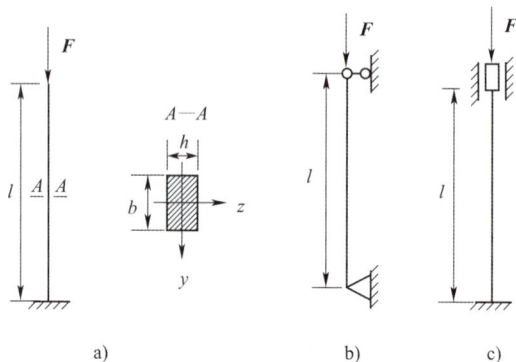

图 10-12 题 14 图

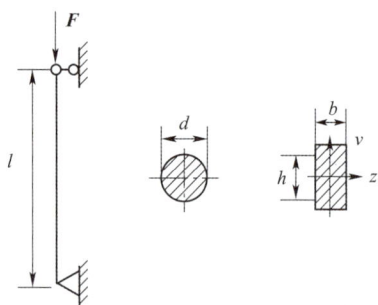

图 10-13 题 15 图

15. 如图 10-13 所示，两端球形铰支细长压杆，弹性模量 $E = 200\text{GPa}$，试用欧拉公式计算其临界载荷。

（1）圆形截面，$d = 25\text{mm}$，$l = 1.0\text{m}$；

（2）矩形截面，$h = 2b = 40\text{mm}$，$l = 1.0\text{m}$。

16. 如图 10-14 所示压杆，截面有四种形式。但其面积均为 $A = 3.2 \times 10\text{mm}^2$，试计算它们的临界载荷，并进行比较。弹性模量 $E = 70\text{GPa}$。

17. 如图 10-15 所示压杆，横截面为 $b \times h$ 的矩形，试从稳定性方面考虑，确定 h/b 的最佳值。当压杆在 $x—z$ 平面内失稳时，可取 $\mu_y = 0.7$。

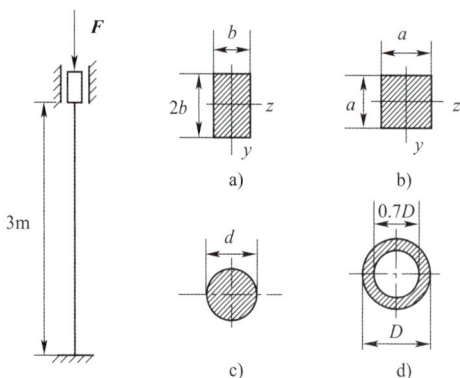

图 10-14 题 16 图

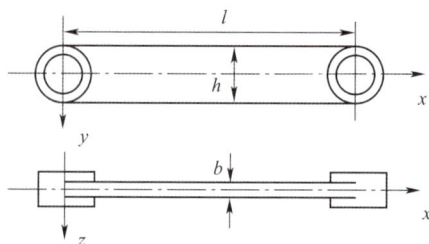

图 10-15 题 17 图

项目十一

动载荷和交变应力

Chapter 11

概 述

前面各项目讨论的是构件在静载荷作用下的应力和变形计算。静载荷是指由零缓慢的增加到某一数值以后就保持不变或变动不明显的载荷。这种情况下,加载过程中所引起构件内各质点的加速度很小,可以忽略不计。但工程中还常遇到构件在动载荷作用下的强度和刚度问题。如以某一加速度将物体吊起或放落时的吊索(图 11-1),高速旋转的飞轮,运行中的内燃机连杆,运行中的火车轮轴(图 11-2)等均受到不同形式的动载荷的作用。本项目只研究以下两类动载荷的问题:

(1)构件做匀加速直线运动或匀速定轴转动。

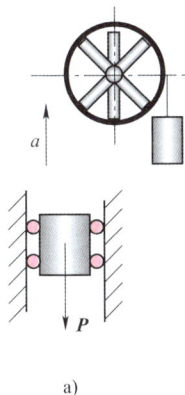

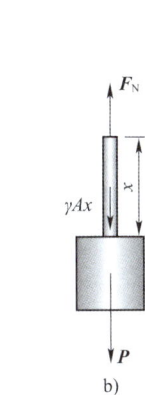

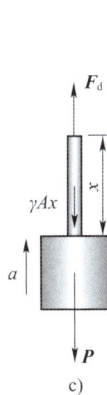

(2)冲击。

图 11-1 吊索

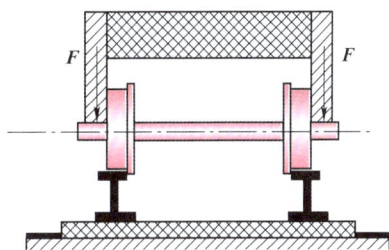

图 11-2 运行中的火车轮轴

任务一 动 载 荷

1 任务引入

若载荷使杆件内各质点产生的加速度较显著,或载荷随时间而变化,这样的载荷称为动载荷。工程中常见的动载荷有以下四种:做匀加速直线运动或匀速转动物体的惯性力、冲击载荷、振动载荷、交变载荷。本次的学习任务为掌握动载荷的基本概念和了解应力应变计算方法。

2 相关理论知识

2.1 基本概念

（1）静载荷。

载荷从零开始平缓地增加到某一定值后保持不变且杆内各质点不产生加速度，或加速度很小可以忽略不计的载荷。杆件在静载荷作用下产生的应力和变形分别称为静应力和静变形。

（2）动载荷。

当作用于结构上的载荷，使结构中杆件内各质点产生明显的加速度或杆件本身处于加速运动状态，这一状态下的加速度因素就是不可忽略的，此时杆件受到的载荷为动载荷。

例如高速旋转的飞轮，由于向心加速度使其内部各质点产生很大的离心惯性力，从而可导致飞轮破裂。

（3）动应力和动变形。

当具有一定速度的物体冲击静止的杆件时，该物体的速度在很短的时间内急剧变化，产生很大的负值加速度，故物体对静止的杆件施加很大的作用力。因此，这种在动载荷的作用下，杆件产生的应力和变形称为动应力和动变形。例如，气锤在锻造坯件时，由于锤头和锻坯这两个物体在碰撞瞬间产生的冲击载荷，能使锤杆内的应力比静载荷下的应力增长几倍乃至几十倍。

另外，实验证明，在动载荷作用下，若杆件的动应力不超过材料的比例极限，胡克定律仍然有效，而且材料的弹性常数也与静载荷作用下的数值相同。

2.2 构件做匀变速运动时的应力与变形

（1）动静法。

动静法是将动载荷问题转化为静载荷问题的方法。这类问题也称为惯性力问题。首先计算运动构件的惯性力，将构件可以看成是在主动力、约束反力以及惯性力的作用下处于平衡状态。再利用静力学的方法计算出构件的内力、应力以及变形等，进而对构件的强度和刚度进行计算。

因此，按照达朗贝尔原理，在原物体系上沿加速度相反方向加上惯性力，则惯性力与物体上原有的外力组成一平衡力系，即可按静力学方法处理动力学问题，这就是动静法。当构件各点的加速度为已知或可以求解出时，可以采用动静法求解构件的动应力问题。

$$F_d + ma = 0$$

（2）匀加速杆件的动载荷。

当构件各点的加速度为已知或可以求解出时，可采用动静法求解构件的动应力问题。这类问题称为惯性力问题。动静法是将动载荷问题转化为静载荷问题的方法。首先计算运动构件的惯性力，则构件可以看作在主动力、约束反力和惯性力作用下处于平衡。再利用静力学的方法就可以计算出构件的内力、应力及变形等，进而对构件的强度和刚度进行计算。

则动应力可以表示为：

$$\sigma_d = K_d \sigma_{st}$$

式中：K_d——动荷因数。

构件在动载荷作用下的强度条件为：

$$\sigma_{d} = K_{d}\sigma_{st} \leq [\sigma]$$

式中：σ_{st}——构件中的最大动应力；

[σ]——材料在静载荷作用下的许用应力。

（3）构件做匀速转动时的动应力。

工程中除了做等加速直线运动的构件外，还有很多构件做匀速转动，比如说装在蒸汽机和内燃机上的飞轮（图11-3）。正常工作时，将飞轮作为绕通过圆心且垂直于圆环平面的轴做匀速转动的薄圆环，在此，将问题进行简化，将轮辐对轮缘的影响忽略不计。现分析飞轮以等角速度旋转时，飞轮轮缘横截面上的应力。

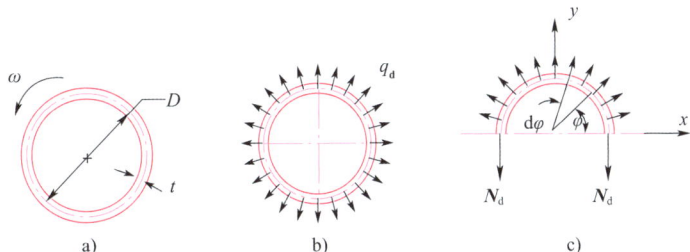

图11-3 飞轮

设飞轮的直径为 D，轮缘的横截面面积为 A，材料的密度为 ρ，飞轮旋转的角速度为 ω。由于此圆环做等角速度转动，因而环内各点只有向心加速度。同时又因为飞轮的轮缘厚度远比飞轮的平均半径小，可认为环上各点的向心加速度与圆环轴线上各点的加速度相等，即 $a_{n} = \omega^{2}R$。

根据动静法，沿圆环轴线均布的惯性力的集度为 $q_{d} = A\rho a_{n} = \dfrac{A\rho D}{2}\omega^{2}$。

取半圆环为研究对象，列平衡方程 $\sum Y = 0$，得：

$$2N_{d} = \int_{0}^{\pi} q_{d}\sin\varphi \cdot \frac{D}{2}\mathrm{d}\varphi = q_{d}D$$

$$N_{d} = \frac{q_{d}D}{2} = \frac{A\rho D^{2}}{4}\omega^{2}$$

$$\sigma_{d} = \frac{N_{d}}{A} = \frac{\rho D^{2}\omega^{2}}{4} = \rho v^{2}$$

式中，v 为飞轮在半径 $D/2$ 处的切向线速度。根据强度条件，为保证飞轮安全，必须使

$$\sigma_{d} = \rho v^{2} \leq [\sigma]$$

根据强度条件，为保证飞轮安全工作，轮缘允许的线速度为：

$$v \leq \sqrt{\frac{[\sigma]}{\rho}}$$

上式表明，为保证圆环的强度，必须对其边缘点的速度加以限制。工程上将这一速度称为极限速度，对应的转速称为极限转速。

任务二　交变应力与疲劳失效

❶ 任务引入

在实际工程中,有许多构件在工作时受到随时间而交替变化的应力,这种应力称为交变应力或循环应力。产生交变应力的原因,一种是由于载荷的大小、方向或位置等随时间做交替的变化,例如连杆、桥梁、起重机的大梁等;另一种是虽然载荷不随时间而变化,但构件本身在旋转,例如火车车厢下的车轴。

❷ 相关理论知识

2.1 交变应力与疲劳失效

2.1.1 交变应力

构件内一点的应力随时间而做交替变化,这种应力称为交变应力。交变应力的产生有两种情况:一种是构件在交变载荷下工作,构件内产生交变应力;另一种是载荷不变,但构件本身在转动,从而引起构件内部各处应力发生交替变化。总之,随时间周期变化应力。

应力循环曲线——取时间 t 为横坐标、应力 σ 为纵坐标,在 $\sigma—t$ 坐标系中,画出一条表示应力随时间变化规律的曲线,称为应力循环曲线。图 11-4 所示即为前述车轴上 a 点的应力循环曲线。曲线上最高点的纵坐标为最大应力 σ_{max},最低点的纵坐标为最小应力 σ_{min},应力重复变化一次的过程,称为一个应力循环。

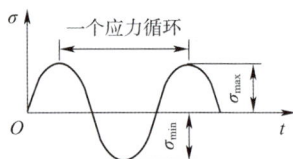

图 11-4　应力循环曲线

应力幅——最大应力与最小应力之差的一半,用符号 σ_a 表示,即:

$$\sigma_a = \frac{1}{2}(\sigma_{max} - \sigma_{min})$$

循环特征——应力循环中最小应力与最大应力的比值,可用来表示交变应力的变化情况,称为交变应力的循环特征,用 r 表示,即:

$$r = \frac{\sigma_{min}}{\sigma_{max}}$$

式中,σ_{max} 和 σ_{min} 均取代数值,拉应力为正,压应力为负。$r = -1$ 对称循环,$r = 0$ 脉动循环,$r = -1$ 静载荷。

工程上常见的交变应力有两种:

(1)对称循环:应力循环中的最大应力和最小应力的数值相等、符号相反的交变应力,称为对称循环的交变应力。如图 11-4 所示,车轴上 a 点的交变应力,$\sigma_{max} = -\sigma_{min}$,便是对称循环,其循环特征为:

$$r = \frac{\sigma_{min}}{\sigma_{max}} = -1$$

(2)脉动循环:应力循环中最小应力为零的情况,称为脉动循环的交变应力,如图 11-5 所

示,其循环特征为:

$$r = \frac{\sigma_{\min}}{\sigma_{\max}} = 0$$

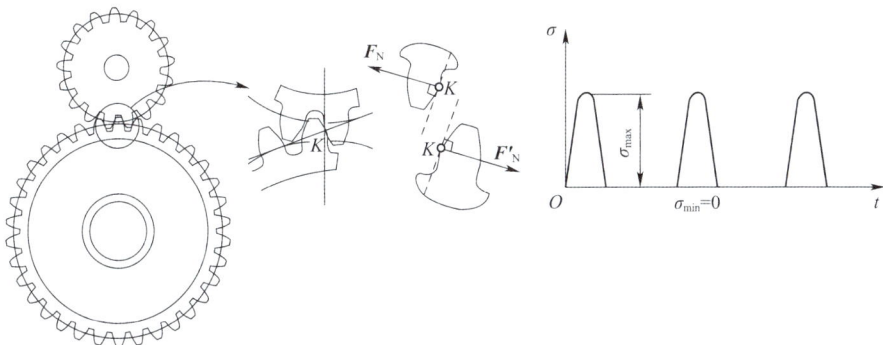

图 11-5　脉动循环

2.1.2　疲劳破坏

实践证明,在交变应力作用下的构件,虽然其内部的应力并未达到材料的屈服点应力,即使塑性很好的材料,也会发生突然断裂,破坏时无明显的塑性变形。构件在交变应力下产生裂纹或断裂叫疲劳破坏。

2.1.3　疲劳破坏特点与原因

疲劳失效与静载荷作用下的强度破坏有着重大的差别。大量试验结果以及实际构件的疲劳失效现象表明,构件在交变应力作用下发生疲劳失效时,具有以下明显的特征:

(1)构件经过长期的交变应力作用,虽然应力远低于其静载下的极限应力,也可能发生断裂。即 $\sigma_{\max} < \sigma_b$,($\sigma_{\max} < \sigma_s$),破坏。

(2)构件在确定的应力水平下发生疲劳失效需要一个过程,即需要一定量的应力交变次数。

(3)构件的断裂是突然的,无任何明显的预兆。即使是塑性较好的材料,断裂前也无明显的塑性变形,呈现出脆性断裂。

(4)疲劳失效的断口,一般都有明显的三个区域:疲劳源、光滑区域(裂纹扩展区)和颗粒状区域(断裂区),如图 11-6所示。

由于疲劳破坏是在构件运转过程中,以及没有明显的塑性变形情况下突然发生的,所以往往造成严重的后果。据统计,在机械零件失效中大约有 80% 以上属于疲劳破坏在历史上曾经发生过多次疲劳破坏的大事故,特别是高速运转的动

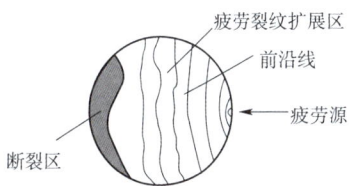

图 11-6　金属疲劳破坏断口

力机械,疲劳破坏在构件的各种破坏中占有很大的比例。这一现象的出现促使人们研究疲劳破坏的机理,并用来指导工程实际。对于轴、齿轮、轴承、叶片、弹簧等承受交变载荷的零件,要选择抵抗疲劳破坏能力较强的材料来制造。

讨论一般情况下的交变应力随时间的变化曲线,如图 11-7 所示,应力每重复变化一次的过程,称为一个应力循环,重复变化的次数称为循环次数。

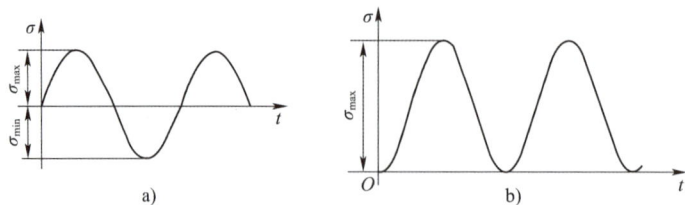

图 11-7 应力循环

2.2 交变应力的基本参数——疲劳极限

2.2.1 疲劳极限

（1）σ_{max}—N 曲线（图 11-8）。

在应力比一定的情况下，对一组（8～12根），$d = 7 \sim 10mm$ 的试件，进行实验。分别在不同的 σ_{max} 下施加交变应力，直到破坏，记录下每根试件破坏前经受的循环次数 N。作出 σ_{max}—N 曲线。此曲线为在应力比 r 下的 σ_{max}—N 曲线。

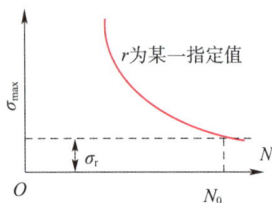

图 11-8　σ_{max}—N 曲线

（2）疲劳极限。

经无限次应力循环而不发生破坏的最大应力值。对于钢材，σ_{max}—N 曲线有一水平渐进线 $\sigma_{max} = \sigma_r$。σ_r 为此材料在指定应力比 r 下的疲劳极限。σ_r 对应值 $N = 10^7$ 为循环基数。

2.2.2 影响构件持久极限的主要因素。

（1）构件外形的影响。

对于零件上截面有变化处，如：螺纹、键槽、轴肩等，在此处会出现应力集中，因此，会显著降低疲劳强度极限。一般用 K 表示其降低程度，即

$$K_\sigma = \frac{\sigma_{-1}}{\sigma_{-1,K}}, K_\tau = \frac{\tau_{-1}}{\tau_{-1,K}}$$

式中：σ_{-1}、τ_{-1}——弯曲、扭转时光滑试件对称循环的疲劳强度极限；

$\sigma_{-1,K}$、$\tau_{-1,K}$——同尺寸而有应力集中因素试件的对称循环的疲劳极限。

（2）构件尺寸的影响。

构件尺寸越大，材料包含的缺陷相应增多，指使疲劳极限降低，其降低程度用尺寸系数 ε 表示，即：

$$\varepsilon_\sigma = \frac{\sigma_{-1,\varepsilon}}{\sigma_{-1}}, \varepsilon_\tau = \frac{\tau_{-1,\varepsilon}}{\tau_{-1}}$$

式中：σ_{-1}、τ_{-1}——光滑小试件在弯曲、扭转时的疲劳极限；

$\sigma_{-1,\varepsilon}$、$\tau_{-1,\varepsilon}$——光滑大试件在弯曲、扭转时的疲劳极限。

（3）构件表面质量的影响。

加工精度在表面形成切削痕迹会引起不同程度的应力集中。加工表面的影响用表面加工系数 β 表示。β 是指试件表面在不同加工情况下的疲劳极限与磨光时的疲劳极限之比。

因此，弯曲构件在对称循环下的疲劳极限是：

$$\sigma_{-1} = \beta\varepsilon_\sigma / K_\sigma$$

扭转构件在对称循环下的疲劳极限为：

$$\tau_{-1} = \beta\varepsilon_\tau / K_\tau$$

综合上述三种影响因素的影响,得到构件在对称循环交变应力下的疲劳极限为:

$$\sigma^0_{-1} = \frac{\varepsilon_\sigma \beta}{K_\sigma} \sigma_{-1}$$

除了上述三种影响因素外,还有其他的影响因素影响疲劳极限,如受腐蚀、高温等也会降低构件的疲劳极限,此处不再赘述,需要时可查阅有关手册获知。

2.3　构件的疲劳强度计算

2.3.1　对称循环下的疲劳强度计算

许用应力:

$$[\sigma_{-1}] = \frac{\sigma^0_{-1}}{n}$$

强度条件为:

$$\sigma_{max} \leqslant [\sigma_{-1}]$$

$$\frac{\sigma^0_{-1}}{\sigma_{max}} \geqslant n$$

令

$$\frac{\sigma^0_{-1}}{\sigma_{max}} = n_\sigma$$

$$n_\sigma = \frac{\sigma_{-1}}{\dfrac{K_\sigma}{\varepsilon_\sigma \beta} \sigma_a + \varphi_a \sigma_m} \geqslant n$$

2.3.2　不对称循环下的疲劳强度计算

(1)承受交变应力的工作安全系数:

$$n_\sigma = \frac{\sigma_{-1}}{\dfrac{K_\sigma}{\varepsilon_\sigma \beta} \sigma_\alpha + \psi_\sigma \sigma_m}$$

强度条件为:

$$n_\alpha > n$$

(2)对于受扭转的构件,工作安全系数为:

$$n_\tau = \frac{\tau_{-1}}{\dfrac{K_\tau}{\varepsilon_\tau \beta} \tau_\alpha + \psi_\tau \tau_m}$$

(3)承受扭弯组合交变应力,工作安全系数为:

$$n_{\sigma\tau} = \frac{n_\sigma n_\tau}{\sqrt{n_\sigma^2 + n_\tau^2}}$$

3　任务实施

例 11-1　如图 11-9 所示阶梯轴。材料为合金钢 $\sigma_b = 920\text{MPa}$,$\sigma_s = 520\text{MPa}$,$\sigma_{-1} = 420\text{MPa}$,$\tau_{-1} = 250\text{MPa}$。轴在不变弯矩 $M = 850\text{N}\cdot\text{m}$ 作用下旋转。轴表面为切削加工。若规定 $n = 1.4$,试校核轴的强度。

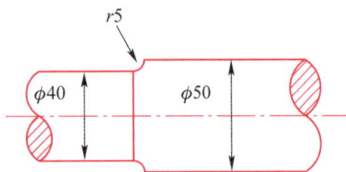

图 11-9　阶梯轴

解: (1) 最大工作应力:

$$\sigma_{max} = \frac{M}{W} = \frac{850}{\frac{\pi}{32}(40 \times 10^{-3})^3} = 135\text{MPa}$$

(2) 确定应力集中系数:

根据 $\dfrac{r}{d} = \dfrac{5}{40} = 0.125, \dfrac{D}{d} = \dfrac{50}{40} = 1.25$, 查表得 $K_{\sigma_0} = 1.56$, $\xi = 0.85$。

应力集中系数为:

$$K_\sigma = 1 + \zeta(K_{\sigma_0} - 1) = 1 + 0.85(1.56 - 1) = 1.48$$

查表确定 $\varepsilon_\sigma = 0.77, \beta = 0.87$。

(3) 求工作安全系数:

$$n_\sigma = \frac{\sigma_{-1}}{\frac{K_\sigma}{\varepsilon_\sigma \beta}\sigma_{max}} = \frac{420 \times 10^6}{\frac{1.48}{0.77 \times 0.87} \times 135 \times 10^6} = 1.41 \approx n$$

满足强度要求。

例 11-2　上例中的阶梯轴在不对称弯矩 $M_{max} = 1200\text{N} \cdot \text{m}$ 和 $M_{min} = \frac{1}{4}M_{max}$ 的交替作用下, 并规定 $n = 1.8$。试校核轴的疲劳强度。

解: (1) 求 σ_{max}、σ_{min}、σ_a、σ_m。

$$\sigma_{max} = \frac{M_{max}}{W} = \frac{1200}{\frac{\pi}{32}(40 \times 10^{-3})^3} = 191\text{MPa}$$

$$\sigma_{min} = \frac{1}{4}\sigma_{max} = 47.8\text{MPa}$$

$$\sigma_a = \frac{1}{2}(\sigma_{max} - \sigma_{min}) = 71.6\text{MPa}$$

$$\sigma_m = \frac{1}{2}(\sigma_{max} + \sigma_{min}) = 119\text{MPa}$$

(2) 确定各种系数:

$$K_\sigma = 1.48 \qquad \varepsilon_\sigma = 0.77 \qquad \beta = 0.87 \qquad \varphi_\sigma = 0.2$$

(3) 疲劳强度计算:

$$n_\sigma = \frac{\sigma_{-1}}{\frac{K_\sigma}{\varepsilon_\sigma \beta}\sigma_\alpha + \psi_\sigma \sigma_m} = \frac{420 \times 10^6}{\frac{1.48}{0.77 \times 0.87} \times 71.6 \times 10^6 + 0.2 \times 119 \times 10^6} = 2.31$$

$n_\sigma > 1.8$, 故满足疲劳强度条件。

复习与思考题

1. 试说明动载荷下杆件强度计算的一般方法。

2. 怎样的应力称为脉动循环应力? 怎样的应力称为对称循环应力? 各举一个工程实例。

3. 什么叫循环特性? 对称循环应力和脉动循环应力的循环特性各为多少?

4. 交变应力中的最大应力与材料的持久极限相同吗？试加以说明。

5. 用钢锁起吊 $P = 60kN$ 的重物，并在第一秒内以等加速度上升 $2.5m$，如图 11-10 所示。试求钢索横截面上的轴力 F_{Nd}（不计钢索的质量）。

6. 如图 11-11 所示以起重机，重 $P_1 = 5kN$，装在两根跨度 $l = 4m$ 的 20a 号工字钢上，用钢索起吊 $P_2 = 5kN$ 的重物。该重物在前 3s 内按等加速上升 $10m$。已知 $[\sigma] = 170MPa$，试校核该梁的强度（不计梁和钢索的自重）。

7. 用绳索起吊钢筋混凝土管如图 11-12 所示。如管子的重量 $P = 10kN$，绳索的直径 $d = 40mm$，许用应力 $[\sigma] = 10MPa$，试校核突然起吊瞬间时绳索的强度。

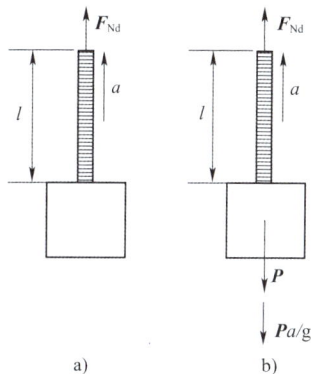

图 11-10 题 5 图

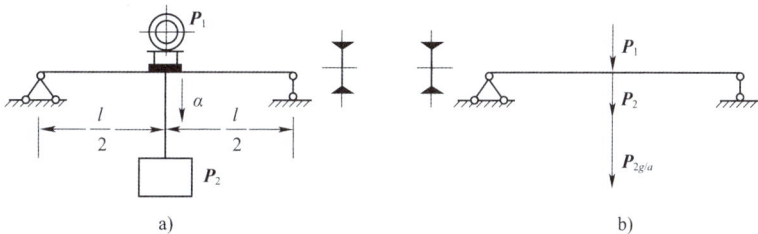

图 11-11 题 6 图

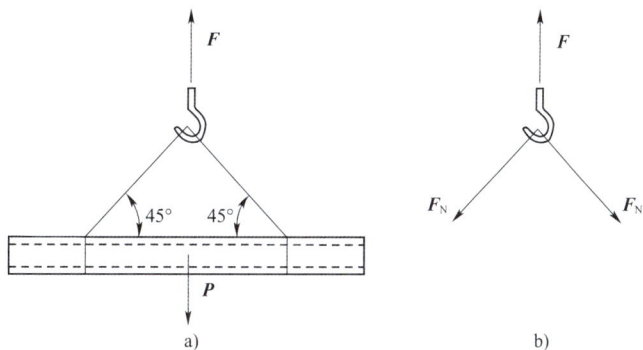

图 11-12 题 7 图

8. 一杆以角速度 ω 绕铅锤轴在水平面内转动。已知杆长为 l，杆的横截面面积为 A，重量为 P_1。设有另一重为 P 的重物连接在杆的端点，如图 11-13 所示。试求杆的伸长。

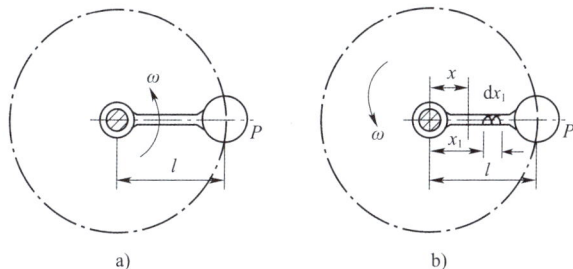

图 11-13 题 8 图

9. 如图 11-14 所示钢轴 AB 和钢质圆杆 CD 的直径均为 10mm，在 D 处有一 $P=10$N 的重物。已知钢的密度 $\rho=7.95\times10^3\text{kg/m}^3$。若轴 AB 的转速 $n=300\text{r/min}$，试求杆 AB 内的最大正应力。

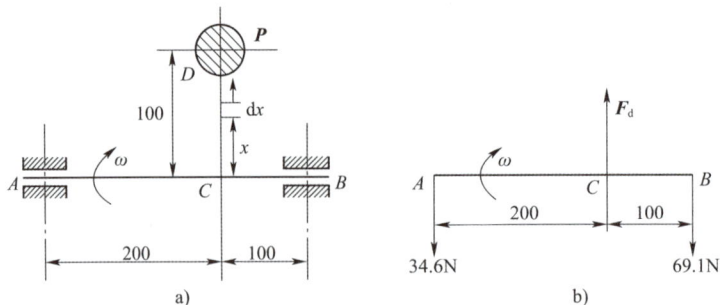

图 11-14　题 9 图

10. 如图 11-15 所示机车车轮一等转速 $n=300\text{r/min}$ 旋转，两轮之间的连杆 AB 的横截面为矩形，$h=56\text{mm}，b=28\text{mm}$；又 $l=2\text{m}，r=250\text{mm}$。连杆材料的密度 $\rho=7.75\times10^3\text{kg/m}^3$。试求连杆 AB 横截面上的最大弯矩正应力。

11. 在直径 $d=100\text{mm}$ 的轴上，装有转动惯量 $I_0=0.5\text{kN}\cdot\text{m}\cdot\text{s}^2$ 的飞轮，轴以 300r/min 的匀角速度旋转，如图 11-16 所示。现用制动器使飞轮在 4s 内停止转动，试求轴内的最大切应力（不计轴的质量和轴承内的摩擦力）。

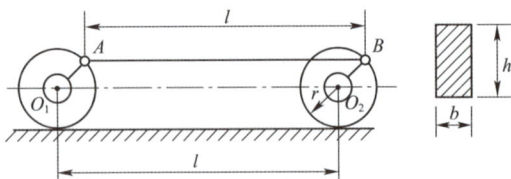

图 11-15　题 10 图

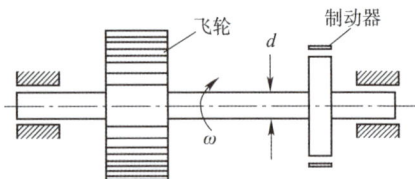

图 11-16　题 11 图

12. 重量为 $P=5\text{kN}$ 的重物自高度 $h=10\text{mm}$ 处自由落下，冲击到 20b 号工字钢梁上的 B 点处，如图 11-17 所示。已知钢的弹性模量 $E=210\text{GPa}$。试求梁内最大冲击正应力（不计梁的自重）。

13. 重量为 $P=5\text{kN}$ 的重物，自高度 $h=15\text{mm}$ 处自由下落，冲击到外伸梁的 C 点处，如图 11-18 所示。已知梁为 20b 号工字钢，其弹性模量 $E=210\text{GPa}$。试求梁内最大冲击正应力（不计梁的自重）。

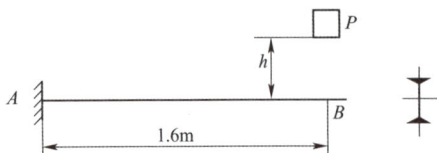

图 11-17　题 12 图

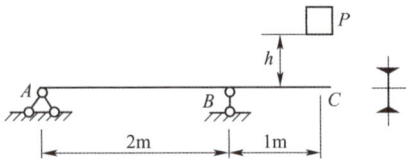

图 11-18　题 13 图

14. 长 $l=400\text{mm}$，直径 $d=12\text{mm}$ 的圆截面杆，在 B 端受到水平方向的轴向冲击，如图 11-19 所示。已知杆 AB 材料的弹性模量 $E=210\text{GPa}$，冲击时冲击物体的动能为 $2000\text{N}\cdot\text{mm}$。在不考虑杆的质量的情况下，试求杆的最大冲击正应力。

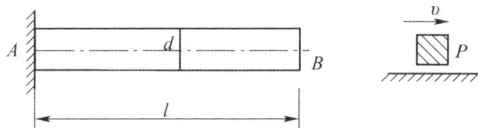

图 11-19　题 14 图

15. 其装配车间的吊车梁由 22a 工字钢制成,并在其中段焊上两块截面为 $120\text{mm} \times 10\text{mm}$,长度为 2.5m 的加强钢板,如图 11-20 所示。吊车每次起吊 50kN 的重物,在略去吊车及钢梁的自重时,该吊车梁所承受的交变载荷可简化为 $F_{\max} = 50\text{kN}, F_{\min} = 0$。已知焊接段横截面对中性轴 z 的惯性矩 $I_z = 6574 \times 10^{-8}\text{m}^4$,焊接段采用手工焊接,属于第 3 类构件。欲使吊车梁能承受 2×10^6 次交变载荷的作用,试校核梁的疲劳强度。

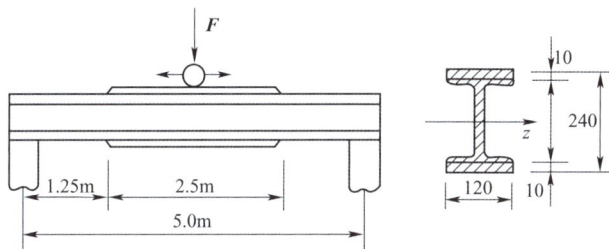

图 11-20　题 15 图

附录　常用型钢规格表

普通工字钢 附表 1

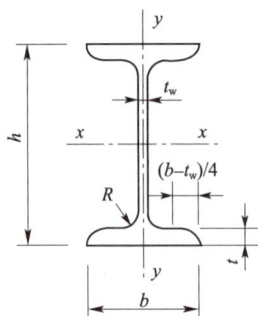

符号: h-高度;
　　　b-宽度;
　　　t_w-腹板厚度;
　　　t-翼缘平均厚度;
　　　I-惯性矩;
　　　W-截面模量;
　　　i-回转半径;
　　　S_x-半截面的面积矩。

长度: 型号 10~18, 长 5~19m;
　　　型号 20~63, 长 6~19m。

型号		尺寸(mm)					截面面积 (cm^2)	理论质量 (kg/m)	x—x 轴				y—y 轴		
		h (mm)	b (mm)	t_w (mm)	t (mm)	R (mm)			I_x (cm^4)	W_x (cm^3)	i_x (cm)	I_x/S_x (cm)	I_y (cm^4)	W_y (cm^3)	I_y (cm)
10		100	68	4.5	7.6	6.5	14.3	11.2	245	49	4.14	8.69	33	9.6	1.51
12.6		126	74	5	8.4	7	18.1	14.2	488	77	5.19	11	47	12.7	1.61
14		140	80	5.5	9.1	7.5	21.5	16.9	712	102	5.75	12.2	64	16.1	1.73
16		160	88	6	9.9	8	26.1	20.5	1127	141	6.57	13.9	93	21.1	1.89
18		180	94	6.5	10.7	8.5	30.7	24.1	1699	185	7.37	15.4	123	26.2	2.00
20	a	200	100	7	11.4	9	35.5	27.9	2369	237	8.16	17.4	158	31.6	2.11
	b		102	9			39.5	31.1	2502	250	7.95	17.1	169	33.1	2.07
22	a	220	110	7.5	12.3	9.5	42.1	33	3406	310	8.99	19.2	226	41.1	2.32
	b		112	9.5			46.5	36.5	3583	326	8.78	18.9	240	42.9	2.27
25	a	250	116	8	13	10	48.5	38.1	5017	401	10.2	21.7	280	48.4	2.4
	b		118	10			53.5	42	5278	422	9.93	21.4	297	50.4	2.36
28	a	280	122	8.5	13.7	10.5	55.4	43.5	7115	508	11.3	24.3	344	56.4	2.49
	b		124	10.5			61	47.9	7481	534	11.1	24	364	58.7	2.44
32	a	320	130	9.5	15	11.5	67.1	52.7	11080	692	12.8	27.7	459	70.6	2.62
	b		132	11.5			73.5	57.7	11626	727	12.6	27.3	484	73.3	2.57
	c		134	13.5			79.9	62.7	12173	761	12.3	26.9	510	76.1	2.53
36	a	360	136	10	15.8	12	76.4	60	15796	878	14.4	31	555	81.6	2.69
	b		138	12			83.6	65.6	16574	921	14.1	30.6	584	84.6	2.64
	c		140	14			90.8	71.3	17351	964	13.8	30.2	614	87.7	2.6
40	a	400	142	10.5	16.5	12.5	86.1	67.6	21714	1086	15.9	34.4	660	92.9	2.77
	b		144	12.5			94.1	73.8	22781	1139	15.6	33.9	693	96.2	2.71
	c		146	14.5			102	80.1	23847	1192	15.3	33.5	727	99.7	2.67

型号		尺寸(mm)					截面面积 (cm²)	理论质量 (kg/m)	x—x 轴				y—y 轴		
		h (mm)	b (mm)	t_w (mm)	t (mm)	R (mm)			I_x (cm⁴)	W_x (cm³)	i_x (cm)	I_x/S_x (cm)	I_y (cm⁴)	W_y (cm³)	I_y (cm)
45	a	450	150	11.5	18	13.5	102	80.4	32241	1433	17.7	38.5	855	114	2.89
	b		152	13.5			111	87.4	33759	1500	17.4	38.1	895	118	2.84
	c		154	15.5			120	94.5	35278	1568	17.1	37.6	938	122	2.79
50	a	500	158	12	20	14	119	93.6	46472	1859	19.7	42.9	1122	142	3.07
	b		160	14			129	101	48556	1942	19.4	42.3	1171	146	3.01
	c		162	16			139	109	50639	2026	19.1	41.9	1224	151	2.96
56	a	560	166	12.5	21	14.5	135	106	65576	2342	22	47.9	1366	165	3.18
	b		168	14.5			147	115	68503	2447	21.6	47.3	1424	170	3.12
	c		170	16.5			158	124	71430	2551	21.3	46.8	1485	175	3.07
63	a	630	176	13	22	15	155	122	94004	2984	24.7	53.8	1702	194	3.32
	b		178	15			167	131	98171	3117	24.2	53.2	1771	199	3.25
	c		780	17			180	141	102339	3249	23.9	52.6	1842	205	3.2

H 型 钢

附表2

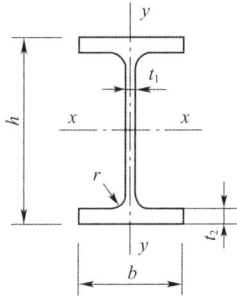

符号：h-高度；

　　b-宽度；

　　t_1-腹板厚度；

　　t_2-翼缘厚度；

　　I-惯性矩；

　　W-截面模量；

　　i-回转半径；

　　S_x-半截面的面积矩。

类别	H型钢规格 ($h \times b \times t_1 \times t_2$)	截面面积 $A(cm^2)$	质量 $q(kg/m)$	x—x 轴			y—y 轴		
				I_x (cm⁴)	W_x (cm³)	i_x (cm)	I_y (cm⁴)	W_y (cm³)	I_y (cm)
HW	100×100×6×8	21.9	17.2 2	383	76.5	4.18	134	26.7	2.47
	125×125×6.5×9	30.31	23.8	847	136	5.29	294	47	3.11
	150×150×7×10	40.55	31.9	1660	221	6.39	564	75.1	3.73
	175×175×7.5×11	51.43	40.3	2900	331	7.5	984	112	4.37
	200×200×8×12	64.28	50.5	4770	477	8.61	1600	160	4.99
	#200×204×12×12	72.28	56.7	5030	503	8.35	1700	167	4.85
	250×250×9×14	92.18	72.4	10800	867	10.8	3650	292	6.29
	#250×255×14×14	104.7	82.2	11500	919	10.5	3880	304	6.09
	#294×302×12×12	108.3	85	17000	1160	12.5	5520	365	7.14
	300×300×10×15	120.4	94.5	20500	1370	13.1	6760	450	7.49
	300×305×15×15	135.4	106	21600	1440	12.6	7100	466	7.24

工程力学

类别	H型钢规格 ($h \times b \times t_1 \times t_2$)	截面面积 $A(\text{cm}^2)$	质量 $q(\text{kg/m})$	x—x 轴			y—y 轴		
				I_x (cm^4)	W_x (cm^3)	i_x (cm)	I_y (cm^4)	W_y (cm^3)	I_y (cm)
HW	#344×348×10×16	146	115	33300	1940	15.1	11200	646	8.78
	350×350×12×19	173.9	137	40300	2300	15.2	13600	776	8.84
	#388×402×15×15	179.2	141	49200	2540	16.6	16300	809	9.52
	#394×398×11×18	187.6	147	56400	2860	17.3	18900	951	10
	400×400×13×21	219.5	172	66900	3340	17.5	22400	1120	10.1
	#400×408×21×21	251.5	197	71100	3560	16.8	23800	1170	9.73
	#414×405×18×28	296.2	233	93000	4490	17.7	31000	1530	10.2
	#428×407×20×35	361.4	284	119000	5580	18.2	39400	1930	10.4
HM	148×100×6×9	27.25	21.4	1040	140	6.17	151	30.2	2.35
	194×150×6×9	39.76	31.2	2740	283	8.3	508	67.7	3.57
	244×175×7×11	56.24	44.1	6120	502	10.4	985	113	4.18
	294×200×8×12	73.03	57.3	11400	779	12.5	1600	160	4.69
	340×250×9×14	101.5	79.7	21700	1280	14.6	3650	292	6
	390×300×10×16	136.7	107	38900	2000	16.9	7210	481	7.26
	440×300×11×18	157.4	124	56100	2550	18.9	8110	541	7.18
	482×300×11×15	146.4	115	60800	2520	20.4	6770	451	6.8
	488×300×11×18	164.4	129	71400	2930	20.8	8120	541	7.03
	582×300×12×17	174.5	137	103000	3530	24.3	7670	511	6.63
	588×300×12×20	192.5	151	118000	4020	24.8	9020	601	6.85
	#594×302×14×23	222.4	175	137000	4620	24.9	10600	701	6.9
HN	100×50×5×7	12.16	9.54	192	38.5	3.98	14.9	5.96	1.11
	125×60×6×8	17.01	13.3	417	66.8	4.95	29.3	9.75	1.31
	150×75×5×7	18.16	14.3	679	90.6	6.12	49.6	13.2	1.65
	175×90×5×8	23.21	18.2	1220	140	7.26	97.6	21.7	2.05
	198×99×4.5×7	23.59	18.5	1610	163	8.27	114	23	2.2
	200×100×5.5×8	27.57	21.7	1880	188	8.25	134	26.8	2.21
	248×124×5×8	32.89	25.8	3560	287	10.4	255	41.1	2.78
	250×125×6×9	37.87	29.7	4080	326	10.4	294	47	2.79
	298×149×5.5×8	41.55	32.6	6460	433	12.4	443	59.4	3.26
	300×150×6.5×9	47.53	37.3	7350	490	12.4	508	67.7	3.27
	346×174×6×9	53.19	41.8	11200	649	14.5	792	91	3.86
	350×175×7×11	63.66	50	13700	782	14.7	985	113	3.93
	#400×150×8×13	71.12	55.8	18800	942	16.3	734	97.9	3.21
	396×199×7×11	72.16	56.7	20000	1010	16.7	1450	145	4.48
	400×200×8×13	84.12	66	23700	1190	16.8	1740	174	4.54

类别	H型钢规格 $(h \times b \times t_1 \times t_2)$	截面面积 $A(\text{cm}^2)$	质量 $q(\text{kg/m})$	$x-x$ 轴 I_x (cm^4)	W_x (cm^3)	i_x (cm)	$y-y$ 轴 I_y (cm^4)	W_y (cm^3)	I_y (cm)
HN	#450×150×9×14	83.41	65.5	27100	1200	18	793	106	3.08
	446×199×8×12	84.95	66.7	29000	1300	18.5	1580	159	4.31
	450×200×9×14	97.41	76.5	33700	1500	18.6	1870	187	4.38
	#500×150×10×16	98.23	77.1	38500	1540	19.8	907	121	3.04
	496×199×9×14	101.3	79.5	41900	1690	20.3	1840	185	4.27
	500×200×10×16	114.2	89.6	47800	1910	20.5	2140	214	4.33
	#506×201×11×19	131.3	103	56500	2230	20.8	2580	257	4.43
	596×199×10×15	121.2	95.1	69300	2330	23.9	1980	199	4.04
	600×200×11×17	135.2	106	78200	2610	24.1	2280	228	4.11
	#606×201×12×20	153.3	120	91000	3000	24.4	2720	271	4.21
	#692×300×13×20	211.5	166	172000	4980	28.6	9020	602	6.53
	700×300×13×24	235.5	185	201000	5760	29.3	10800	722	6.78

注:"#"表示的规格为非常用规格。

普通槽钢 附表3

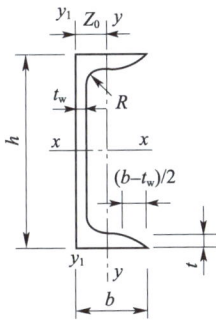

符号:同普通工字钢,但 W_y 为对应翼缘肢尖。

长度:型号 5~8,长 5~12m;

型号 10~18,长 5~19m;

型号 20~20,长 6~19m。

型号	尺寸(mm) h	b	t_w	t	R	截面面积 (cm^2)	理论质量 (kg/m)	$x-x$ 轴 I_x (cm^4)	W_x (cm^3)	i_x (cm)	$y-y$ 轴 I_y (cm^4)	W_y (cm^3)	i_y (cm)	y_1-y_1 轴 I_{y1} (cm^4)	Z_0 (cm)
5	50	37	4.5	7	7	6.92	5.44	26	10.4	1.94	8.3	3.5	1.1	20.9	1.35
6.3	63	40	4.8	7.5	7.5	8.45	6.63	51	16.3	2.46	11.9	4.6	1.19	28.3	1.39
8	80	43	5	8	8	10.24	8.04	101	25.3	3.14	16.6	5.8	1.27	37.4	1.42
10	100	48	5.3	8.5	8.5	12.74	10	198	39.7	3.94	25.6	7.8	1.42	54.9	1.52
12.6	126	53	5.5	9	9	15.69	12.31	389	61.7	4.98	38	10.3	1.56	77.8	1.59
14 a	140	58	6	9.5	9.5	18.51	14.53	564	80.5	5.52	53.2	13	1.7	107.2	1.71
14 b	140	60	8	9.5	9.5	21.31	16.73	609	87.1	5.35	61.2	14.1	1.69	120.6	1.67
16 a	160	63	6.5	10	10	21.95	17.23	866	108.3	6.28	73.4	16.3	1.83	144.1	1.79
16 b	160	65	8.5	10	10	25.15	19.75	935	116.8	6.1	83.4	17.6	1.82	160.8	1.75

型号		尺寸(mm)					截面面积 (cm²)	理论质量 (kg/m)	x—x轴			y—y轴			y—y₁轴	Z₀
		h	b	t_w	t	R			I_x (cm⁴)	W_x (cm³)	i_x (cm)	I_y (cm⁴)	W_y (cm³)	i_y (cm)	I_{y_1} (cm⁴)	Z_0 (cm)
18	a	180	68	7	10.5	10.5	25.69	20.17	1273	141.4	7.04	98.6	20	1.96	189.7	1.88
	b		70	9	10.5	10.5	29.29	22.99	1370	152.2	6.84	111	21.5	1.95	210.1	1.84
20	a	200	73	7	11	11	28.83	22.63	1780	178	7.86	128	24.2	2.11	244	2.01
	b		75	9	11	11	32.83	25.77	1914	191.4	7.64	143.6	25.9	2.09	268.4	1.95
22	a	220	77	7	11.5	11.5	31.84	24.99	2394	217.6	8.67	157.8	28.2	2.23	298.2	2.1
	b		79	9	11.5	11.5	36.24	28.45	2571	233.8	8.42	176.5	30.1	2.21	326.3	2.03
25	a	250	78	7	12	12	34.91	27.4	3359	268.7	9.81	175.9	30.7	2.24	324.8	2.07
	b		80	9	12	12	39.91	31.33	3619	289.6	9.52	196.4	32.7	2.22	355.1	1.99
	c		82	11	12	12	44.91	35.25	3880	310.4	9.3	215.9	34.6	2.19	388.6	1.96
28	a	280	82	7.5	12.5	12.5	40.02	31.42	4753	339.5	10.9	217.9	35.7	2.33	393.3	2.09
	b		84	9.5	12.5	12.5	45.62	35.81	5118	365.6	10.59	241.5	37.9	2.3	428.5	2.02
	c		86	11.5	12.5	12.5	51.22	40.21	5484	391.7	10.35	264.1	40	2.27	467.3	1.99
32	a	320	88	8	14	14	48.5	38.07	7511	469.4	12.44	304.7	46.4	2.51	547.5	2.24
	b		90	10	14	14	54.9	43.1	8057	503.5	12.11	335.6	49.1	2.47	592.9	2.16
	c		92	12	14	14	61.3	48.12	8603	537.7	11.85	365	51.6	2.44	642.7	2.13
36	a	360	96	9	16	16	60.89	47.8	11874	659.7	13.96	455	63.6	2.73	818.5	2.44
	b		98	11	16	16	68.09	53.45	12652	702.9	13.63	496.7	66.9	2.7	880.5	2.37
	c		100	13	16	16	75.29	59.1	13429	746.1	13.36	536.6	70	2.67	948	2.34
40	a	400	100	10.5	18	18	75.04	58.91	17578	878.9	15.3	592	78.8	2.81	1057.9	2.49
	b		102	12.5	18	18	83.04	65.19	18644	932.2	14.98	640.6	82.6	2.78	1135.8	2.44
	c		104	14.5	18	18	91.04	71.47	19711	985.6	14.71	687.8	86.2	2.75	1220.3	2.42

等边角钢

附表4

	单角钢	双角钢

型号	圆角	重心矩	截面面积	质量	惯性矩	截面模量		回转半径			i_y，当 a 为下列数值				
	R	Z_0	A		I_x	W_{xmax}	W_{xmin}	i_x	i_{x0}	i_{y0}	6mm	8mm	10mm	12mm	14mm
	(mm)		(cm²)	(kg/m)	(cm⁴)	(cm³)			(cm)				(cm)		
20 × 3	3.5	6	1.13	0.89	0.40	0.66	0.29	0.59	0.75	0.39	1.08	1.17	1.25	1.34	1.43
4		6.4	1.46	1.15	0.50	0.78	0.36	0.58	0.73	0.38	1.11	1.19	1.28	1.37	1.46

型号		圆角	重心矩	截面面积	质量	惯性矩	截面模量		回转半径			i_y，当 a 为下列数值				
		R	Z_0	A		I_x	W_{xmax}	W_{xmin}	i_x	i_{x0}	i_{y0}	6mm	8mm	10mm	12mm	14mm
		（mm）		（cm²）	（kg/m）	（cm⁴）	（cm³）		（cm）			（cm）				
L25 ×	3	3.5	7.3	1.43	1.12	0.82	1.12	0.46	0.76	0.95	0.49	1.27	1.36	1.44	1.53	1.61
	4		7.6	1.86	1.46	1.03	1.34	0.59	0.74	0.93	0.48	1.30	1.38	1.47	1.55	1.64
L30 ×	3	4.5	8.5	1.75	1.37	1.46	1.72	0.68	0.91	1.15	0.59	1.47	1.55	1.63	1.71	1.8
	4		8.9	2.28	1.79	1.84	2.08	0.87	0.90	1.13	0.58	1.49	1.57	1.65	1.74	1.82
L36 ×	3	4.5	10	2.11	1.66	2.58	2.59	0.99	1.11	1.39	0.71	1.70	1.78	1.86	1.94	2.03
	4		10.4	2.76	2.16	3.29	3.18	1.28	1.09	1.38	0.70	1.73	1.8	1.89	1.97	2.05
	5		10.7	2.38	2.65	3.95	3.68	1.56	1.08	1.36	0.70	1.75	1.83	1.91	1.99	2.08
L40 ×	3	5	10.9	2.36	1.85	3.59	3.28	1.23	1.23	1.55	0.79	1.86	1.94	2.01	2.09	2.18
	4		11.3	3.09	2.42	4.60	4.05	1.60	1.22	1.54	0.79	1.88	1.96	2.04	2.12	2.2
	5		11.7	3.79	2.98	5.53	4.72	1.96	1.21	1.52	0.78	1.90	1.98	2.06	2.14	2.23
L45 ×	3	5	12.2	2.66	2.09	5.17	4.25	1.58	1.39	1.76	0.90	2.06	2.14	2.21	2.29	2.37
	4		12.6	3.49	2.74	6.65	5.29	2.05	1.38	1.74	0.89	2.08	2.16	2.24	2.32	2.4
	5		13	4.29	3.37	8.04	6.20	2.51	1.37	1.72	0.88	2.10	2.18	2.26	2.34	2.42
	6		13.3	5.08	3.99	9.33	6.99	2.95	1.36	1.71	0.88	2.12	2.2	2.28	2.36	2.44
L50 ×	3	5.5	13.4	2.97	2.33	7.18	5.36	1.96	1.55	1.96	1.00	2.26	2.33	2.41	2.48	2.56
	4		13.8	3.90	3.06	9.26	6.70	2.56	1.54	1.94	0.99	2.28	2.36	2.43	2.51	2.59
	5		14.2	4.80	3.77	11.21	7.90	3.13	1.53	1.92	0.98	2.30	2.38	2.45	2.53	2.61
	6		14.6	5.69	4.46	13.05	8.95	3.68	1.51	1.91	0.98	2.32	2.4	2.48	2.56	2.64
L56 ×	3	6	14.8	3.34	2.62	10.19	6.86	2.48	1.75	2.2	1.13	2.50	2.57	2.64	2.72	2.8
	4		15.3	4.39	3.45	13.18	8.63	3.24	1.73	2.18	1.11	2.52	2.59	2.67	2.74	2.82
	5		15.7	5.42	4.25	16.02	10.22	3.97	1.72	2.17	1.10	2.54	2.61	2.69	2.77	2.85
	8		16.8	8.37	6.57	23.63	14.06	6.03	1.68	2.11	1.09	2.60	2.67	2.75	2.83	2.91
L63 ×	4	7	17	4.98	3.91	19.03	11.22	4.13	1.96	2.46	1.26	2.79	2.87	2.94	3.02	3.09
	5		17.4	6.14	4.82	23.17	13.33	5.08	1.94	2.45	1.25	2.82	2.89	2.96	3.04	3.12
	6		17.8	7.29	5.72	27.12	15.26	6.00	1.93	2.43	1.24	2.83	2.91	2.98	3.06	3.14
	8		18.5	9.51	7.47	34.45	18.59	7.75	1.90	2.39	1.23	2.87	2.95	3.03	3.1	3.18
	10		19.3	11.66	9.15	41.09	21.34	9.39	1.88	2.36	1.22	2.91	2.99	3.07	3.15	3.23
L70 ×	4	8	18.6	5.57	4.37	26.39	14.16	5.14	2.18	2.74	1.4	3.07	3.14	3.21	3.29	3.36
	5		19.1	6.88	5.40	32.21	16.89	6.32	2.16	2.73	1.39	3.09	3.16	3.24	3.31	3.39
	6		19.5	8.16	6.41	37.77	19.39	7.48	2.15	2.71	1.38	3.11	3.18	3.26	3.33	3.41
	7		19.9	9.42	7.40	43.09	21.68	8.59	2.14	2.69	1.38	3.13	3.2	3.28	3.36	3.43
	8		20.3	10.67	8.37	48.17	23.79	9.68	2.13	2.68	1.37	3.15	3.22	3.30	3.38	3.46
L75 ×	5	9	20.3	7.41	5.82	39.96	19.73	7.30	2.32	2.92	1.5	3.29	3.36	3.43	3.5	3.58
	6		20.7	8.80	6.91	46.91	22.69	8.63	2.31	2.91	1.49	3.31	3.38	3.45	3.53	3.6
	7		21.1	10.16	7.98	53.57	25.42	9.93	2.30	2.89	1.48	3.33	3.4	3.47	3.55	3.63
	8		21.5	11.50	9.03	59.96	27.93	11.2	2.28	2.87	1.47	3.35	3.42	3.50	3.57	3.65
	10		22.2	14.13	11.09	71.98	32.40	13.64	2.26	2.84	1.46	3.38	3.46	3.54	3.61	3.69
L80 ×	5	9	21.5	7.91	6.21	48.79	22.70	8.34	2.48	3.13	1.6	3.49	3.56	3.63	3.71	3.78
	6		21.9	9.40	7.38	57.35	26.16	9.87	2.47	3.11	1.59	3.51	3.58	3.65	3.73	3.8
	7		22.3	10.86	8.53	65.58	29.38	11.37	2.46	3.1	1.58	3.53	3.60	3.67	3.75	3.83
	8		22.7	12.30	9.66	73.50	32.36	12.83	2.44	3.08	1.57	3.55	3.62	3.70	3.77	3.85
	10		23.5	15.13	11.87	88.43	37.68	15.64	2.42	3.04	1.56	3.58	3.66	3.74	3.81	3.89

工程力学

型号		圆角 R	重心矩 Z_0	截面面积 A	质量	惯性矩 I_x	截面模量		回转半径			i_y, 当 a 为下列数值				
							W_{xmax}	W_{xmin}	i_x	i_{x0}	i_{y0}	6mm	8mm	10mm	12mm	14mm
		(mm)	(mm)	(cm²)	(kg/m)	(cm⁴)	(cm³)		(cm)			(cm)				
L90×	6	10	24.4	10.64	8.35	82.77	33.99	12.61	2.79	3.51	1.8	3.91	3.98	4.05	4.12	4.2
	7		24.8	12.3	9.66	94.83	38.28	14.54	2.78	3.5	1.78	3.93	4	4.07	4.14	4.22
	8		25.2	13.94	10.95	106.5	42.3	16.42	2.76	3.48	1.78	3.95	4.02	4.09	4.17	4.24
	10		25.9	17.17	13.48	128.6	49.57	20.07	2.74	3.45	1.76	3.98	4.06	4.13	4.21	4.28
	12		26.7	20.31	15.94	149.2	55.93	23.57	2.71	3.41	1.75	4.02	4.09	4.17	4.25	4.32
L100×	6	12	26.7	11.93	9.37	115	43.04	15.68	3.1	3.91	2	4.3	4.37	4.44	4.51	4.58
	7		27.1	13.8	10.83	131	48.57	18.1	3.09	3.89	1.99	4.32	4.39	4.46	4.53	4.61
	8		27.6	15.64	12.28	148.2	53.78	20.47	3.08	3.88	1.98	4.34	4.41	4.48	4.55	4.63
	10		28.4	19.26	15.12	179.5	63.29	25.06	3.05	3.84	1.96	4.38	4.45	4.52	4.6	4.67
	12		29.1	22.8	17.9	208.9	71.72	29.47	3.03	3.81	1.95	4.41	4.49	4.56	4.64	4.71
	14		29.9	26.26	20.61	236.5	79.19	33.73	3	3.77	1.94	4.45	4.53	4.6	4.68	4.75
	16		30.6	29.63	23.26	262.5	85.81	37.82	2.98	3.74	1.93	4.49	4.56	4.64	4.72	4.8
L110×	7	12	29.6	15.2	11.93	177.2	59.78	22.05	3.41	4.3	2.2	4.72	4.79	4.86	4.94	5.01
	8		30.1	17.24	13.53	199.5	66.36	24.95	3.4	4.28	2.19	4.74	4.81	4.88	4.96	5.03
	10		30.9	21.26	16.69	242.2	78.48	30.6	3.38	4.25	2.17	4.78	4.85	4.92	5	5.07
	12		31.6	25.2	19.78	282.6	89.34	36.05	3.35	4.22	2.15	4.82	4.89	4.96	5.04	5.11
	14		32.4	29.06	22.81	320.7	99.07	41.31	3.32	4.18	2.14	4.85	4.93	5	5.08	5.15
L125×	8	14	33.7	19.75	15.5	297	88.2	32.52	3.88	4.88	2.5	5.34	5.41	5.48	5.55	5.62
	10		34.5	24.37	19.13	361.7	104.8	39.97	3.85	4.85	2.48	5.38	5.45	5.52	5.59	5.66
	12		35.3	28.91	22.7	423.2	119.9	47.17	3.83	4.82	2.46	5.41	5.48	5.56	5.63	5.7
	14		36.1	33.37	26.19	481.7	133.6	54.16	3.8	4.78	2.45	5.45	5.52	5.59	5.67	5.74
L140×	10	14	38.2	27.37	21.49	514.7	134.6	50.58	4.34	5.46	2.78	5.98	6.05	6.12	6.2	6.27
	12		39	32.51	25.52	603.7	154.6	59.8	4.31	5.43	2.77	6.02	6.09	6.16	6.23	6.31
	14		39.8	37.57	29.49	688.8	173	68.75	4.28	5.4	2.75	6.06	6.13	6.2	6.27	6.34
	16		40.6	42.54	33.39	770.2	189.9	77.46	4.26	5.36	2.74	6.09	6.16	6.23	6.31	6.38
L160×	10	16	43.1	31.5	24.73	779.5	180.8	66.7	4.97	6.27	3.2	6.78	6.85	6.92	6.99	7.06
	12		43.9	37.44	29.39	916.6	208.6	78.98	4.95	6.24	3.18	6.82	6.89	6.96	7.03	7.1
	14		44.7	43.3	33.99	1048	234.4	90.95	4.92	6.2	3.16	6.86	6.93	7	7.07	7.14
	16		45.5	49.07	38.52	1175	258.3	102.6	4.89	6.17	3.14	6.89	6.96	7.03	7.1	7.18
L180×	12	16	48.9	42.24	33.16	1321	270	100.8	5.59	7.05	3.58	7.63	7.7	7.77	7.84	7.91
	14		49.7	48.9	38.38	1514	304.6	116.3	5.57	7.02	3.57	7.67	7.74	7.81	7.88	7.95
	16		50.5	55.47	43.54	1701	336.9	131.4	5.54	6.98	3.55	7.7	7.77	7.84	7.91	7.98
	18		51.3	61.95	48.63	1881	367.1	146.1	5.51	6.94	3.53	7.73	7.8	7.87	7.95	8.02
L200×	14	18	54.6	54.64	42.89	2104	385.1	144.7	6.2	7.82	3.98	8.47	8.54	8.61	8.67	8.75
	16		55.4	62.01	48.68	2366	427	163.7	6.18	7.79	3.96	8.5	8.57	8.64	8.71	8.78
	18		56.2	69.3	54.4	2621	466.5	182.2	6.15	7.75	3.94	8.53	8.6	8.67	8.75	8.82
	20		56.9	76.5	60.06	2867	503.6	200.4	6.12	7.72	3.93	8.57	8.64	8.71	8.78	8.85
	24		58.4	90.66	71.17	3338	571.5	235.8	6.07	7.64	3.9	8.63	8.71	8.78	8.85	8.92

附录　常用型钢规格表

单 角 钢			双 角 钢	

角钢型号 B×b×t	圆角 R	重心矩		截面面积 A	质量	回转半径			i_y，当 a 为下列数值				i_y，当 a 为下列数值			
		Z_x	Z_y			i_x	i_y	i_{y0}	6mm	8mm	10mm	12mm	6mm	8mm	10mm	12mm
	(mm)	(mm)		(cm²)	(kg/m)	(cm)			(cm)				(cm)			
L25×3	3.5	4.2	8.6	1.16	0.91	0.44	0.78	0.34	0.84	0.93	1.02	1.11	1.4	1.48	1.57	1.65
16×4		4.6	9.0	1.50	1.18	0.43	0.77	0.34	0.87	0.96	1.05	1.14	1.42	1.51	1.6	1.68
L32×3	3.5	4.9	10.8	1.49	1.17	0.55	1.01	0.43	0.97	1.05	1.14	1.23	1.71	1.79	1.88	1.96
20×4		5.3	11.2	1.94	1.52	0.54	1	0.43	0.99	1.08	1.16	1.25	1.74	1.82	1.9	1.99
L40×3	4	5.9	13.2	1.89	1.48	0.7	1.28	0.54	1.13	1.21	1.3	1.38	2.07	2.14	2.23	2.31
25×4		6.3	13.7	2.47	1.94	0.69	1.26	0.54	1.16	1.24	1.32	1.41	2.09	2.17	2.25	2.34
L45×3	5	6.4	14.7	2.15	1.69	0.79	1.44	0.61	1.23	1.31	1.39	1.47	2.28	2.36	2.44	2.52
28×4		6.8	15.1	2.81	2.2	0.78	1.43	0.6	1.25	1.33	1.41	1.5	2.31	2.39	2.47	2.55
L50×3	5.5	7.3	16	2.43	1.91	0.91	1.6	0.7	1.38	1.45	1.53	1.61	2.49	2.56	2.64	2.72
32×4		7.7	16.5	3.18	2.49	0.9	1.59	0.69	1.4	1.47	1.55	1.64	2.51	2.59	2.67	2.75
L56× 3	6	8.0	17.8	2.74	2.15	1.03	1.8	0.79	1.51	1.59	1.66	1.74	2.75	2.82	2.9	2.98
36× 4		8.5	18.2	3.59	2.82	1.02	1.79	0.78	1.53	1.61	1.69	1.77	2.77	2.85	2.93	3.01
5		8.8	18.7	4.42	3.47	1.01	1.77	0.78	1.56	1.63	1.71	1.79	2.8	2.88	2.96	3.04
4	7	9.2	20.4	4.06	3.19	1.14	2.02	0.88	1.66	1.74	1.81	1.89	3.09	3.16	3.24	3.32
L63× 5		9.5	20.8	4.99	3.92	1.12	2	0.87	1.68	1.76	1.84	1.92	3.11	3.19	3.27	3.35
40× 6		9.9	21.2	5.91	4.64	1.11	1.99	0.86	1.71	1.78	1.86	1.94	3.13	3.21	3.29	3.37
7		10.3	21.6	6.8	5.34	1.1	1.96	0.86	1.73	1.8	1.88	1.97	3.15	3.23	3.3	3.39
4	7.5	10.2	22.3	4.55	3.57	1.29	2.25	0.99	1.84	1.91	1.99	2.07	3.39	3.46	3.54	3.62
L70× 5		10.6	22.8	5.61	4.4	1.28	2.23	0.98	1.86	1.94	2.01	2.09	3.41	3.49	3.57	3.64
45× 6		11.0	23.2	6.64	5.22	1.26	2.22	0.97	1.88	1.96	2.04	2.11	3.44	3.51	3.59	3.67
7		11.3	23.6	7.66	6.01	1.25	2.2	0.97	1.9	1.98	2.06	2.14	3.46	3.54	3.61	3.69
5	8	11.7	24.0	6.13	4.81	1.43	2.39	1.09	2.06	2.13	2.2	2.28	3.6	3.68	3.76	3.83
L75× 6		12.1	24.4	7.26	5.7	1.42	2.38	1.08	2.08	2.15	2.23	2.3	3.63	3.7	3.78	3.86
50× 8		12.9	25.2	9.47	7.43	1.4	2.35	1.07	2.12	2.19	2.27	2.35	3.67	3.75	3.83	3.91
10		13.6	26.0	11.6	9.1	1.38	2.33	1.06	2.16	2.24	2.31	2.4	3.71	3.79	3.87	3.96
5	8	11.4	26.0	6.38	5	1.42	2.57	1.1	2.02	2.09	2.17	2.24	3.88	3.95	4.03	4.1
L80× 6		11.8	26.5	7.56	5.93	1.41	2.55	1.09	2.04	2.11	2.19	2.27	3.9	3.98	4.05	4.13
50× 7		12.1	26.9	8.72	6.85	1.39	2.54	1.08	2.06	2.13	2.21	2.29	3.92	4	4.08	4.16
8		12.5	27.3	9.87	7.75	1.38	2.52	1.07	2.08	2.15	2.23	2.31	3.94	4.02	4.1	4.18

角钢型号 B×b×t	圆角 R	重心矩		截面面积	质量	回转半径			i_y 当a为下列数值				i_y 当a为下列数值			
		Z_x	Z_y	A		i_x	i_y	i_{y0}	6mm	8mm	10mm	12mm	6mm	8mm	10mm	12mm
	(mm)	(mm)		(cm²)	(kg/m)	(cm)			(cm)				(cm)			
L90× 56×	9	12.5	29.1	7.21	5.66	1.59	2.9	1.23	2.22	2.29	2.36	2.44	4.32	4.39	4.47	4.55
		12.9	29.5	8.56	6.72	1.58	2.88	1.22	2.24	2.31	2.39	2.46	4.34	4.42	4.5	4.57
		13.3	30.0	9.88	7.76	1.57	2.87	1.22	2.26	2.33	2.41	2.49	4.37	4.44	4.52	4.6
		13.6	30.4	11.2	8.78	1.56	2.85	1.21	2.28	2.35	2.43	2.51	4.39	4.47	4.54	4.62
L100× 63×	10	14.3	32.4	9.62	7.55	1.79	3.21	1.38	2.49	2.56	2.63	2.71	4.77	4.85	4.92	5
		14.7	32.8	11.1	8.72	1.78	3.2	1.37	2.51	2.58	2.65	2.73	4.8	4.87	4.95	5.03
		15	33.2	12.6	9.88	1.77	3.18	1.37	2.53	2.6	2.67	2.75	4.82	4.9	4.97	5.05
		15.8	34	15.5	12.1	1.75	3.15	1.35	2.57	2.64	2.72	2.79	4.86	4.94	5.02	5.1
L100× 80×	10	19.7	29.5	10.6	8.35	2.4	3.17	1.73	3.31	3.38	3.45	3.52	4.54	4.62	4.69	4.76
		20.1	30	12.3	9.66	2.39	3.16	1.71	3.32	3.39	3.47	3.54	4.57	4.64	4.71	4.79
		20.5	30.4	13.9	10.9	2.37	3.15	1.71	3.34	3.41	3.49	3.56	4.59	4.66	4.73	4.81
		21.3	31.2	17.2	13.5	2.35	3.12	1.69	3.38	3.45	3.53	3.6	4.63	4.7	4.78	4.85
L110× 70×	10	15.7	35.3	10.6	8.35	2.01	3.54	1.54	2.74	2.81	2.88	2.96	5.21	5.29	5.36	5.44
		16.1	35.7	12.3	9.66	2	3.53	1.53	2.76	2.83	2.9	2.98	5.24	5.31	5.39	5.46
		16.5	36.2	13.9	10.9	1.98	3.51	1.53	2.78	2.85	2.92	3	5.26	5.34	5.41	5.49
		17.2	37	17.2	13.5	1.96	3.48	1.51	2.82	2.89	2.96	3.04	5.3	5.38	5.46	5.53
L125× 80×	11	18	40.1	14.1	11.1	2.3	4.02	1.76	3.11	3.18	3.25	3.33	5.9	5.97	6.04	6.12
		18.4	40.6	16	12.6	2.29	4.01	1.75	3.13	3.2	3.27	3.35	5.92	5.99	6.07	6.14
		19.2	41.4	19.7	15.5	2.26	3.98	1.74	3.17	3.24	3.31	3.39	5.96	6.04	6.11	6.19
		20	42.2	23.4	18.3	2.24	3.95	1.72	3.21	3.28	3.35	3.43	6	6.08	6.16	6.23
L140× 90×	12	20.4	45	18	14.2	2.59	4.5	1.98	3.49	3.56	3.63	3.7	6.58	6.65	6.73	6.8
		21.2	45.8	22.3	17.5	2.56	4.47	1.96	3.52	3.59	3.66	3.73	6.62	6.7	6.77	6.85
		21.9	46.6	26.4	20.7	2.54	4.44	1.95	3.56	3.63	3.7	3.77	6.66	6.74	6.81	6.89
		22.7	47.4	30.5	23.9	2.51	4.42	1.94	3.59	3.66	3.74	3.81	6.7	6.78	6.86	6.93
L160× 100×	13	22.8	52.4	25.3	19.9	2.85	5.14	2.19	3.84	3.91	3.98	4.05	7.55	7.63	7.7	7.78
		23.6	53.2	30.1	23.6	2.82	5.11	2.18	3.87	3.94	4.01	4.09	7.6	7.67	7.75	7.82
		24.3	54	34.7	27.2	2.8	5.08	2.16	3.91	3.98	4.05	4.12	7.64	7.71	7.79	7.86
		25.1	54.8	39.3	30.8	2.77	5.05	2.15	3.94	4.02	4.09	4.16	7.68	7.75	7.83	7.9
L180× 110×	14	24.4	58.9	28.4	22.3	3.13	8.56	5.78	2.42	4.16	4.23	4.3	4.36	8.49	8.72	8.71
		25.2	59.8	33.7	26.5	3.1	8.6	5.75	2.4	4.19	4.33	4.33	4.4	8.53	8.76	8.75
		25.9	60.6	39	30.6	3.08	8.64	5.72	2.39	4.23	4.26	4.37	4.44	8.57	8.63	8.79
		26.7	61.4	44.1	34.6	3.05	8.68	5.81	2.37	4.26	4.3	4.4	4.47	8.61	8.68	8.84
L200× 125×	14	28.3	65.4	37.9	29.8	3.57	6.44	2.75	4.75	4.82	4.88	4.95	9.39	9.47	9.54	9.62
		29.1	66.2	43.9	34.4	3.54	6.41	2.73	4.78	4.85	4.92	4.92	9.43	9.51	9.58	9.66
		29.9	67.8	49.7	39	3.52	6.38	2.71	4.81	4.88	4.95	5.02	9.47	9.55	9.62	9.7
		30.6	67	55.5	43.6	3.49	6.35	2.7	4.85	4.92	4.99	5.06	9.51	9.59	9.66	9.74

注：一个角钢的惯性矩 $I_x = Ai_x^2$，$I_y = Ai_y^2$；一个角钢的截面个角钢的截面模量 $W_x^{max} = I_x/Z_x$，$W_x^{min} = I_x/(b-Z_x)$；$W_y^{ax} = I_y Z_y$，$W_x^{min} = I_y(b-Z_y)$。

参考文献

[1] 范钦珊.工程力学Ⅰ[M].北京:高等教育出版社,1998.

[2] 范钦珊,王琪.工程力学Ⅱ[M].北京:高等教育出版社,2002.

[3] 陈莹莹,陈昌明,陈位宫.理论力学[M].北京:高等教育出版社,1993.

[4] 顾晓勤,刘申全.工程力学Ⅰ[M].北京:机械工业出版社,2006.

[5] 顾晓勤,刘申全.工程力学Ⅱ[M].北京:机械工业出版社,2006.

[6] 刘鸿文.材料力学Ⅰ[M].5版.北京:高等教育出版社,2011.

[7] 刘鸿文.材料力学Ⅱ[M].5版.北京:高等教育出版社,2011.

[8] 同济大学基础力学教研部.理论力学[M].上海:同济大学出版社,2005.

[9] 单祖辉,谢传锋.材料力学[M].北京:高等教育出版社,2004.

[10] 时海芳,任鑫.材料力学性能[M].北京:北京大学出版社,2010.

[11] 孙艳,何署廷.理论力学[M].北京:中国电力出版社,2006.

[12] 陈位宫.工程力学(多学时)[M].2版.北京:高等教育出版社,2008.

[13] 北京科技大学,东北大学.工程力学:静力学[M].北京:高等教育出版社,1997.

[14] 唐晓雯,石萍.理论力学基本训练[M].北京:科学出版社,2004.

[15] 张少实.新编材料力学[M].2版.北京:机械工业出版社,2009.

[16] 张克猛,张义忠.理论力学[M].北京:科学出版社,2008.